AF474680

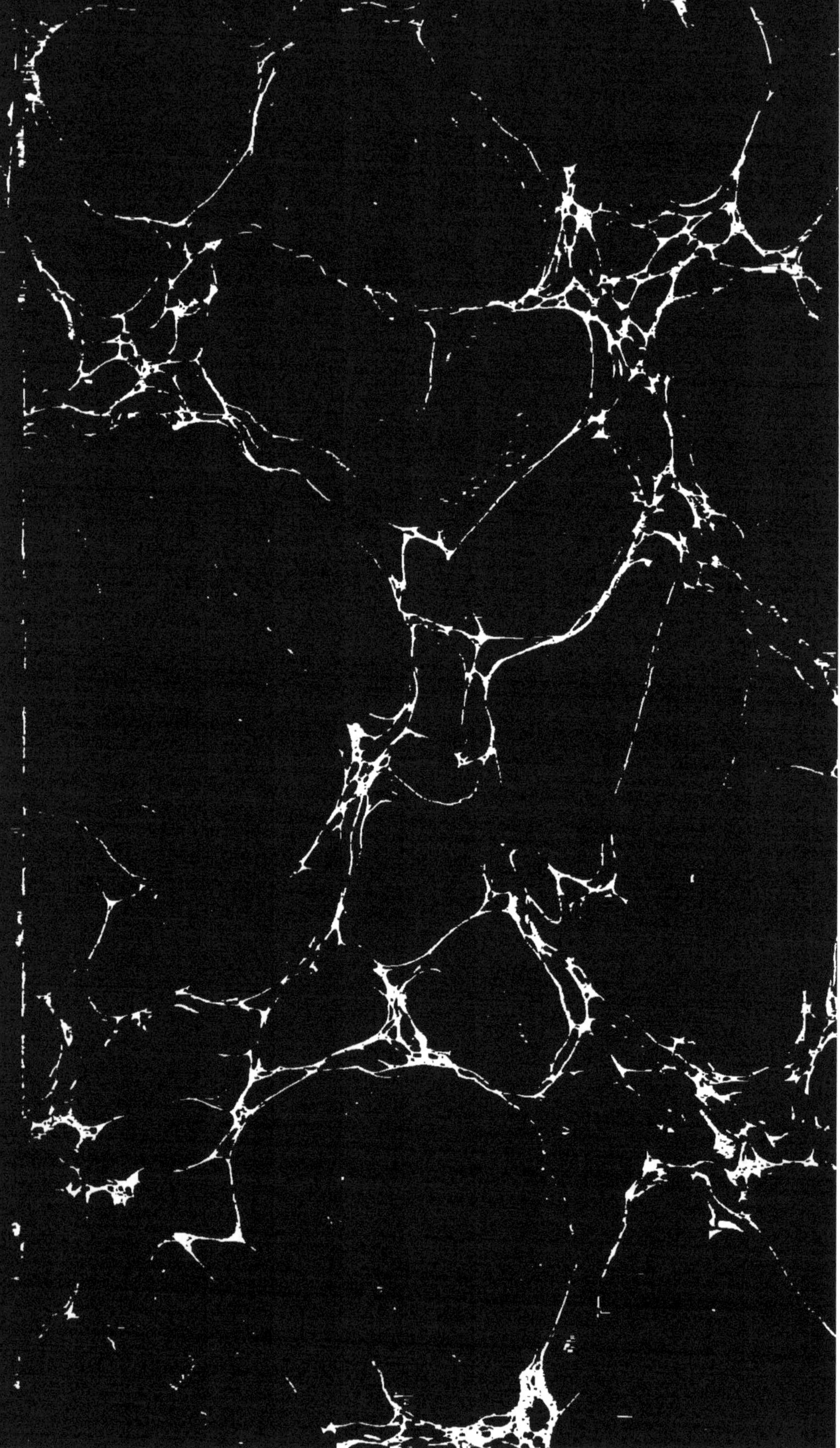

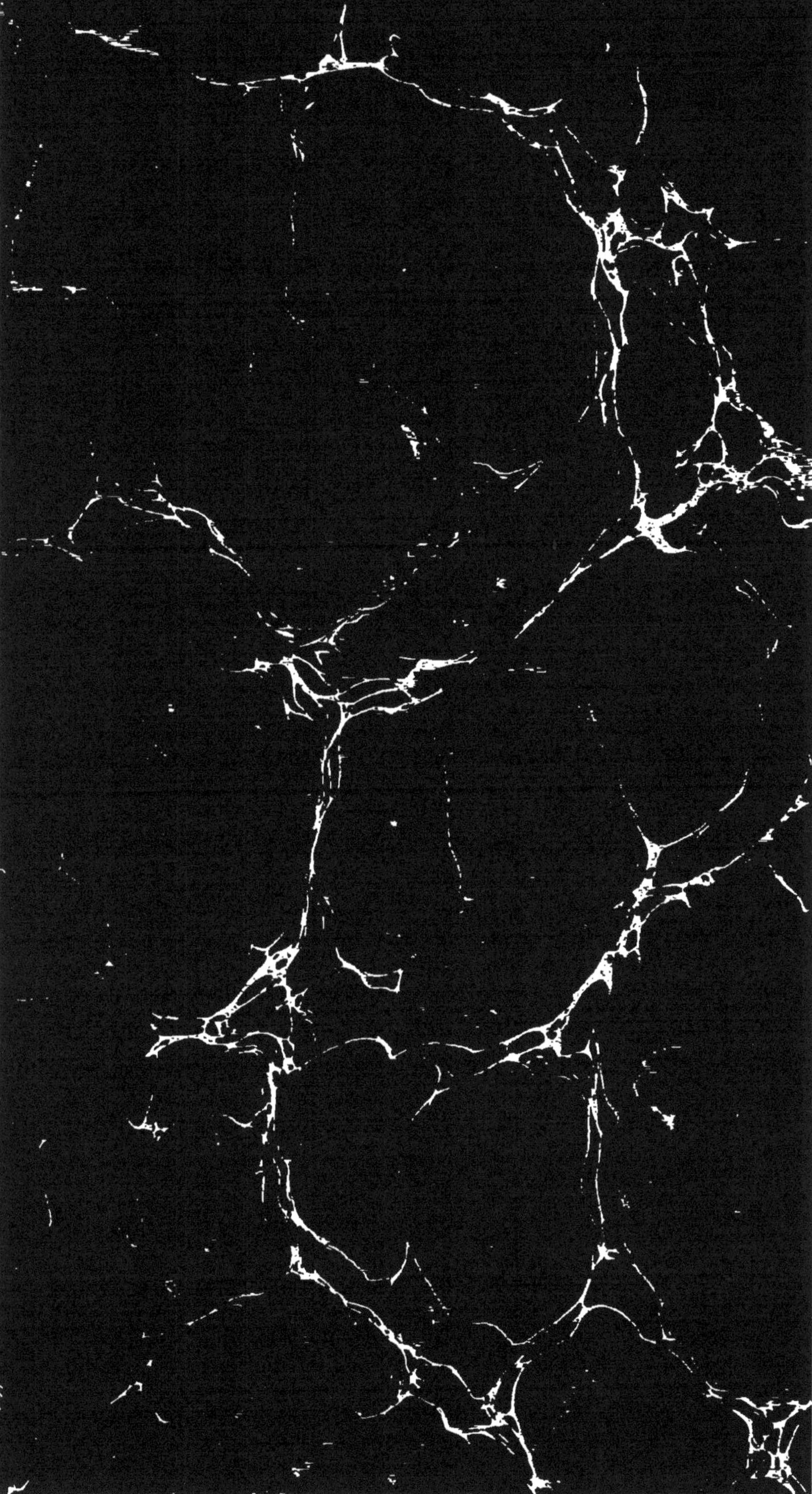

VOYAGE

DANS

L'INDO-CHINE

CET OUVRAGE SE TROUVE AUSSI

CHEZ LES LIBRAIRES DONT LES NOMS SUIVENT :

A CHAUMONT,	*chez*	Simonnot;
LANGRES,	—	Crapelet;
—	—	Bordes;
CHALONS,	—	Lefèvre;
REIMS,	—	Bonnefoy;
DIJON,	—	Hémery;
TROYES,	—	Anner-André;
ÉPINAL,	—	Pellerin;
BAR-LE-DUC,	—	Laguerre;
VERDUN,	—	Laurent;
LYON,	—	Pélagaud et Cie;
BESANÇON,	—	Tubergue;
NANCY,	—	Vagner;
ARRAS,	—	Théry;
LILLE,	—	Lefort;
ORLÉANS,	—	Blanchard;
ROUEN,	—	Fleury;
NANTES,	—	Mazeau;
BORDEAUX,	—	Ducot;
LIMOGES,	—	Leblanc;
TOULOUSE,	—	Cluzon;
MARSEILLE,	—	Laferrière;
BRUXELLES,	—	Goëmaëre;
MADRID,	—	Bailly-Baillière;
LONDRES,	—	Burns et Lambert;
TURIN,	—	Marietti.

Bar-le-Duc. — Typ. et Lith. de Mme E. LAGUERRE.

VOYAGE

DANS

L'INDO-CHINE

1848-1856

AVEC CARTE DU CAMBOGE

ET D'UNE PARTIE DES ROYAUMES LIMITROPHES

PAR

M. C.-E. BOUILLEVAUX

ANCIEN MISSIONNAIRE APOSTOLIQUE

PARIS

LIBRAIRIE DE VICTOR PALMÉ

RUE SAINT-SULPICE, 22

1858

A MA NIÈCE

FRANÇOISE-MARIE-CÉCILE.

De retour en France après avoir habité plusieurs années la presqu'île indo-chinoise, je publie, à la sollicitation de mes amis, une courte relation de mes voyages et une notice historique et géographique sur les pays que j'ai parcourus. Cet opuscule aura peut-être quelque intérêt, surtout aujourd'hui que tous les yeux sont portés vers l'extrême Orient, vers la Chine, qui s'obstine depuis tant de siècles dans son isolement.

Je dédie à ma petite nièce le récit de mes

voyages : elle le lira avec plaisir, je l'espère, quand l'âge aura développé son intelligence.

Pendant mon long séjour en Asie, où je menai une vie si étrange, j'ai beaucoup souffert; mais, à mon retour, la vue de cette enfant dans son berceau m'a fait oublier tous les maux du passé... Dieu veuille réserver à ma chère Cécile de douces et longues années !

C.-E. BOUILLEVAUX.

1857. — 22 novembre (fête de sainte Cécile).

VOYAGE

DANS

L'INDO-CHINE.

CHAPITRE PREMIER.

Mon départ. — La Tamise. — Sur mer. — Hirondelles de mer ou procellaria. — Le baptême de la ligne. — Passagers. — Les Anglais à table. — Pêche d'un albatros. — Cap-Town. — Mission du Cap.

Le 6 du mois de septembre 1848, je quittai Paris : une locomotive rapide, vrai coursier de feu, m'emporta en quelques heures à Boulogne-sur-Mer. Pendant la nuit du 6 au 7, je montai à bord d'un bateau à vapeur, et, vers quatre heures du soir, je saluai la Carthage moderne, Londres aux mille vaisseaux.

Après quelques jours passés dans la capitale de l'Angleterre, je m'embarquai avec mes compagnons de voyage. Notre *Zion* (*Sion*), le roi David en proue, avec son petit luth, sa couronne et ses brodequins dorés, sort de Katherine's-dock. Il est remorqué par un vapeur, qui, dans la soirée, nous conduit jusqu'à Gravesend. Là, nous restons à l'ancre, attendant notre capitaine, qui arrive enfin avec sa femme. Notre remorqueur nous saisit de nouveau, et, le 14, à la nuit tombante, nous jetons l'ancre pour la dernière fois avant notre arrivée au Cap.

La Tamise offre vraiment un magnifique spectacle. Un mouvement commercial immense est ce qui frappe surtout l'imagination du voyageur. Ce grand nombre de vaisseaux qui remontent et descendent le fleuve, cette foule de bateaux à vapeur qui volent sur les flots, ces pesants navires qui reviennent des Indes et entre lesquels glissent légèrement les yachts de plaisir, cette activité, ce commerce prodigieux, tout ici vous étonne et en même temps vous donne une haute idée de la puissance maritime de l'Angleterre.

Nous levâmes l'ancre le vendredi, 15 septembre, de grand matin, et, laissant les rives de la Tamise, nous voguâmes sur les flots paisibles de la mer du Nord. Le soir du même jour, vers cinq heures, nous entrions dans la Manche : j'apercevais à droite la ville de Douvres et, à gauche, dans le lointain, les côtes de notre France qu'illuminait le soleil couchant....

Après avoir dit adieu à notre pilote, qui regagne Douvres en nous souhaitant bon voyage, nous glissons doucement sur la Manche, poussés par une petite brise du nord. Le lundi suivant, vers le soir, nous perdons de vue les côtes d'Angleterre et nous entrons dans l'Océan. Les vagues étant alors très-agitées, le mal de mer commence à sévir. Le mardi, le vent est plus violent que jamais; on serre presque toutes les voiles : quelle nuit affreuse nous passons! Adieu la poésie des voyages maritimes!

Jusqu'au 9 octobre, notre voyage fut assez heureux; mais vint le mauvais temps : pendant dix jours nous n'avons pas parcouru cinq degrés. Cette marche si lente fut un peu égayée par la prise d'un requin d'environ trois mètres de long et d'un autre beaucoup plus petit, dont nous nous régalâmes.

La chasse était aussi une de nos distractions. Dès les premiers jours de notre voyage, nous fûmes accompagnés par une troupe de petits oiseaux charmants, que les marins appellent hirondelles de mer ou procellaria. Leur plumage est d'un brun foncé; ils ont une belle zône blanche à l'extrémité du dos; leurs ailes toujours étendues laissent apercevoir une raie couleur gris-blanc qui embellit leur joli corsage; leur tête ressemble à celle de la tourterelle; leurs petits pieds palmés leur permettent de sauter sur l'eau. Quand, du vaisseau, on jetait quelques friandises du goût de ces oiseaux, vous les voyiez se réunir autour de l'objet convoité et danser sur les flots comme des marionnettes. Lorsqu'elle est fatiguée, la petite troupe se pose sur une vague : insouciants voyageurs, ils se laissent bercer par la tempête et dorment leur sommeil sur l'écume des flots.

Nous avons eu différentes autres visites. Une caille, venue des côtes de Bretagne et poussée par les vents, est tombée mourante auprès de notre bord. Nous eûmes quelque temps un joli canari pour compagnon de voyage.

Le 25 octobre, nous avons passé la ligne, six semaines après notre départ de Londres. Le *père La Ligne* a été fort bénin pour nous, grâce à cinq bouteilles de rhum que nous lui avons données pour se désaltérer, lui et les siens.

Le baptême de la ligne est quelque chose de fort ridicule et de très-désagréable pour les passagers. Pendant que les matelots anglais procédaient à ce baptême, je me trouvais dans la cabine d'un de mes confrères, d'où l'on pouvait voir, sans y être acteur, toute la cérémonie. Une grande barrique pleine d'eau était placée sur le pont. Un des servants de Neptune, affreusement déguisé, appelait par son nom chaque passager et s'informait s'il avait déjà passé la ligne. Quand sa réponse était négative, deux matelots le saisissaient et l'établissaient sur une planche placée en travers de la barrique. Là, on faisait la barbe au pauvre patient avec un rasoir de bois, après lui avoir préalablement frotté la figure avec du noir de fumée en guise de savon. Lorsque le barbier avait fini sa besogne, on jetait quelques seaux d'eau, du haut du grand mât, sur la tête de celui qu'on voulait baptiser. Enfin, on tirait la planche qui servait de siége, et le pauvre diable tombait dans le tonneau; il en sortait bien vite, mouillé jusqu'aux os, accompagné des rires de toute l'assistance.

Quelle singulière bigarrure présentaient l'équipage et les passagers de notre vaisseau! L'un était un prêtre italien apostat, alors ministre protestant, allant, disait-il, évangéliser les mahométans du Cap; l'autre, un vieux capitaine du génie, fondateur d'une religion nouvelle; il y avait aussi quelques presbytériens; le plus grand nombre adhérait à l'Église nationale d'Angleterre ou plutôt n'adhérait à rien, car les anglicans, comme les presbytériens, ne savent ce qu'ils croient; enfin, deux ou trois pauvres diables d'Irlandais étaient catholiques et non pas des meilleurs. Ainsi, pauvres prêtres de Jésus-Christ, nous étions seuls au milieu de cet amalgame d'hommes à croyances différentes, seuls avec vous, mon Dieu!

Les protestants faisaient exactement leur office le dimanche, à moins que le temps ne fût trop mauvais. L'Italien, après avoir récité les prières indiquées dans le rituel de l'Église anglicane, débitait un petit discours : les Anglais paraissaient peu apprécier son éloquence. Le vieux capitaine du génie prenait ensuite la parole et développait à son tour son système religieux. Il y eut souvent des disputes assez sérieuses entre celui-ci et le ministre protestant. Les officiers du vaisseau prétendaient que ces discussions nous amenaient du mauvais temps : les marins, comme on le sait, sont très-superstitieux.

Je m'entretins quelquefois avec le vieil ingénieur : c'était un homme d'un esprit vif et d'une conversation intéressante, malgré son jargon, mélange de français, de latin et d'anglais. Quand il parlait religion, il avait un aspect mystique, comme les anciens anachorètes; il ne prononçait le nom de Notre-Seigneur Jésus-Christ, qu'en levant pieusement les yeux au ciel. Il me dit plusieurs fois que l'Église officielle d'Angleterre croulerait bientôt. Ce pauvre homme préférait le catholicisme à l'anglicanisme; mais, bien entendu, il trouvait son système supérieur à la doctrine catholique; il aurait désiré me faire entrer dans sa secte.

On comptait à bord du *Zion* cinquante et quelques personnes, tant passagers qu'hommes d'équipage. Les passagers de première classe habitaient les cabines de la dunette; ils se réunissaient tous dans la grande chambre pour prendre leurs repas. Des disputes, même assez vives, se sont élevées plusieurs fois entre le capitaine et quelques Anglais de passage, ceux-ci se plaignant de n'être pas traités convenablement. En effet, la cuisine n'était pas toujours excellente, et, nous autres Français, nous en souffrions plus que les enfants de la verte Albion, parce qu'une certaine réserve nous empêchait de nous précipiter sur les mets, à l'exemple de nos voisins. A peine avait-on apporté un plat de pommes de terre, que cinq ou six fourchettes, en guise de harpons, étaient lancées sur ces tubercules : tant pis pour les gens trop timides.

Les passagers d'entrepont avaient encore plus à se plaindre. Un jeune Allemand, de Mayence, nous dit que le bœuf salé qu'on distribuait aux passagers de seconde classe devait avoir fait au moins deux ou trois fois le tour du monde. C'était dans l'entrepont surtout qu'il fallait être leste et d'une grande exactitude, si l'on ne voulait pas mourir de faim. Les premiers arrivés s'emparaient d'un morceau de bœuf et remplissaient leurs poches de pommes de terre. Le pauvre retardataire avait beau se récrier, chacun mordait, sans l'écouter, dans son bœuf salé et tirait philosophiquement, une à une, les patates qu'il venait d'entasser dans ses poches.

Revenons à notre voyage.

Nous aurions dû arriver au Cap dans les premiers jours de novembre; mais, à cette époque, nous en étions encore bien éloignés ; nous nous approchions des côtes du Brésil pour y trouver les vents alizés.

Pendant le mois de novembre, nous rencontrâmes de nombreux oiseaux de mer. Des boobys ou fous et des albatros nous rendirent souvent visite. Une jolie colombe du Cap, au plumage rayé de blanc et de noir, vint aussi voler autour de notre *Zion*. Nous prîmes un jour un bel albatros. Plusieurs fois il avait mangé le lard qui servait d'amorce sans s'accrocher à l'hameçon ; mais enfin le pauvre volatile, un peu trop gourmand, se vit hissé à bord par notre charpentier; on le mit sur le pont. Il parut étonné de se trouver en si nombreuse compagnie ; cependant il nous regardait fièrement et faisait fuir les chiens devant lui. Cet albatros n'était pas des plus grands; il avait environ deux mètres d'envergure et pouvait être de la grosseur d'une oie de forte taille ; ses ailes, qu'il repliait en deux lorsqu'il s'abattait sur l'eau, étaient de couleur noire ; il avait le reste du corps blanc ou gris-pommelé. Nous rendîmes la liberté à ce bel oiseau, malgré l'opposition du cuisinier, qui arrivait avec son coutelas.

A tous les coins de l'horizon, nous voyions souvent apparaître des troupeaux d'énormes souffleurs et d'autres animaux marins; des albatros, des boobys, des pigeons du Cap et de jolis petits oiseaux, dont j'ignore le nom, volaient gaîment autour du navire. Nous troublâmes un jour ce bien-être, cette joie de tout ce qui vivait auprès de nous. Nous lançâmes le harpon à un souffleur d'assez belle taille : il fut blessé, mais le drôle se débarrassa de l'instrument; on courut après lui, guidé que l'on était par la trace de son sang, et il allait être atteint quand il s'enfonça dans l'abîme.

Le 4 décembre, nous étions près des côtes d'Afrique. On ne saurait croire combien de joie l'on éprouve à l'aspect de ces montagnes qui se dessinent dans le lointain, lorsqu'on est resté longtemps au milieu du vaste Océan, sans voir autre chose que le ciel et l'eau, parfois quelques oiseaux solitaires et plus rarement encore quelques habitants de l'humide empire. Nous avons pu examiner à loisir les côtes arides de cette terre d'Afrique, vis-à-vis desquelles la maladresse de notre capitaine nous faisait errer depuis plus de quinze jours.

Un accident très-grave nous est arrivé le 5

décembre : un coup de vent a rasé nos deux plus grands mâts. Après les avoir un peu restaurés, de façon à pouvoir y fixer les voiles basses, nous continuâmes notre route.

Enfin, le lendemain, dans l'après-midi, nous avons laissé tomber l'ancre dans la baie de la Table, en face de la ville du Cap, non loin de ce promontoire que l'on nomma cap des Tempêtes et auquel un roi de Portugal donna le nom plus doux de Bonne-Espérance.

C'est un bien grand plaisir de descendre à terre, lorsque depuis près de trois mois on n'a foulé que le pont agité du vaisseau ; mais au plaisir se joint l'étonnement quand la ville que l'on aborde se nomme Cap-Town : ville étrange, avec de grandes montagnes, à formes fantastiques, qui semblent vouloir l'écraser ; ville bizarre, où se sont donné rendez-vous les habitants de toutes les parties du monde, rouges, noirs, blancs, mulâtres, Hollandais, Anglais, Italiens, Chinois, Malais, Hottentots, etc., etc. Jamais je n'ai vu de population si bigarrée.

Après quelques heures passées à terre, revenu le soir sur le *Zion*, je montai sur la dunette.

Quelle belle nuit ! La douce clarté de la lune éclaire à demi les rochers de Table-Montagne et de la Tête-du-Lion ; ils se dressent au-dessus de la baie comme de noirs fantômes. On entend dans le lointain le mugissement des vagues qui se brisent contre la côte. Le coup de canon d'un navire de guerre annonce la fin de chaque quart, et la clochette de tous les vaisseaux à l'ancre répète le signal. Le cri aigu de la colombe du Cap rêvant sur la vague retentit dans le silence de la nuit. L'amour de la patrie absente, les souvenirs de la jeunesse, bercent doucement mon pauvre cœur...

Pendant mon séjour au Cap, j'allai un jour déjeuner chez le vicaire apostolique ; ce prélat est Mgr Griffitz, de l'ordre des Frères-Prêcheurs. Je trouvai là un jeune prêtre, nommé Mac-Carthy, qui administrait avec l'évêque les catholiques de Cap-Town, au nombre de cinq cents seulement. Il y a dans la ville un beau temple protestant ; l'église catholique ne manque point non plus d'élégance ; mais, lors de mon passage, le peu de ressources de la mission n'avait pas encore permis de l'achever. Je dis la messe dans une chapelle provisoire, grande salle toute nue ; mes ornements étaient presque en lambeaux. De nombreux soldats irlandais assistaient à ma messe avec quelques officiers : la tenue recueillie de ces militaires adoucissait un peu la triste impression causée par la pauvreté de la chapelle catholique.

CHAPITRE II.

Le cap de Bonne-Espérance. — Iles Amsterdam et Saint-Paul. — Les Malais du détroit de la Sonde. — A l'ancre dans la rade de Singapore. — Coup d'œil sur cette colonie. — Départ pour le royaume d'Annam. — Pirates. — Arrivée à Baixan (Basse-Cochinchine).

Nous restâmes quinze jours à l'ancre, dans la baie de la Table, pour réparer nos avaries. Il y avait près de nous plusieurs vaisseaux de guerre hollandais, qui venaient des îles de la Sonde, où ils avaient réprimé une révolte des Malais. Les frégates hollandaises partirent quelques jours avant nous. Le départ d'un navire offre toujours à ceux qui en sont témoins un spectacle saisissant. Cette lourde masse, longtemps presque immobile, se balance tout-à-coup sous ses longues voiles, fend les flots et bientôt disparaît; il n'y a qu'un instant, vous étiez à l'ancre, à côté de l'une de ces citadelles flottantes, et, quelques heures après, vous ne voyez plus sa trace : elle s'est évanouie comme un fantôme.

Le 20 décembre 1848, nous levâmes l'ancre. Nous louvoyâmes pour doubler le Cap, et je pus voir de bien près ce redoutable promontoire. Après quelque temps de calme arrivèrent les vents d'ouest, qui nous poussèrent rapidement vers la Nouvelle-Hollande; nous faisions près de cent lieues par jour. Ayant marché vers l'est pendant plusieurs semaines, nous mîmes enfin le Cap au nord pour gagner l'archipel de la Sonde. Nous passâmes près des îles Amsterdam et Saint-Paul. Notre maître d'équipage me dit qu'une ou deux familles françaises venaient tous les ans, de l'île de France, à l'époque de la pêche, se fixer pour quelques mois dans ces îles désertes. En me promenant sur la dunette, je pensais à la triste existence de ces pauvres pêcheurs, seuls pendant des mois entiers au milieu de l'Océan-

Indien, et cependant il me semblait que j'aurais volontiers abrité ma vie sur ces îlots abandonnés.... Mais laissons-là les rêves mélancoliques.

Nous approchons du détroit de la Sonde. Encore hors de vue de la côte, nous la sentons déjà, nous respirons la suave odeur des palmiers en fleurs. Voici Java, voici le paradis de la terre.

Java est la terre promise des Hollandais; c'est l'une des plus riches colonies du monde. Pendant que nous traversions le détroit de la Sonde et que j'examinais la petite ville d'Angier, environnée de bocages de cocotiers et d'aréquiers, plusieurs barques montées par des Malais vinrent faire des échanges avec nous. Les Malais ne sont pas du tout élégants; ils sont de petite stature, trapus, et ils ont le teint bronzé par l'ardeur du soleil des tropiques. Nous échangeâmes des noix de cocos et quelques régimes de bananes; nous ne connaissions pas encore ce dernier fruit. J'ai su plus tard que l'on coupe le régime avant son entière maturité, dans la crainte que les bananes mûres ne soient mangées par les oiseaux ou par les écureuils. Ne connaissant point alors cette particularité, nous croyions que ces bananes pouvaient être mangées de suite. Nous nous partageâmes le régime ; j'eus le bonheur de tomber sur des bananes un peu moins vertes que les autres et je les trouvai passables; mais l'un de mes compagnons, en ayant avalé une verte, fit une grimace effrayante et déclara que c'était détestable, que cela ne valait pas mieux que la moëlle de notre sureau d'Europe. Il aurait suffi de suspendre le régime pendant quelques jours pour que les bananes devinssent excellentes.

Après avoir traversé le détroit de la Sonde, nous côtoyâmes l'île de Sumatra. Les côtes de cette île sont basses; le terrain ne s'élève qu'en s'avançant dans l'intérieur. Les Hollandais ont plusieurs postes à Sumatra ; mais la plus grande partie de l'île est encore indépendante. Les courants et les vents contraires nous retinrent près de trois semaines à l'ancre, non loin du détroit de Banca. Enfin, un soir, une petite brise favorable s'étant élevée, tout le monde supplia le capitaine de lever l'ancre. Il ne s'en souciait pas, attendu qu'il y a beaucoup de bas-fonds dans ces parages ; cependant il se décida à partir, et nous entrâmes dans le détroit.

Banca est une île haute, qui fournit au commerce européen une grande quantité d'étain. Nous passâmes plusieurs jours entre Banca et Sumatra ; nous étions souvent obligés de jeter l'ancre quand le vent ne nous favorisait plus. Nous prîmes alors plusieurs grands requins. Ces animaux sont si voraces, que l'un d'eux, après avoir été accroché à l'hameçon et s'en être dégagé, vint y mordre de nouveau et fut enfin hissé à bord ; on en fit l'autopsie : il avait dans le ventre des semelles de soulier, des morceaux de drap et une quantité de serpents de mer. Après avoir louvoyé pendant quelque temps au sortir du détroit de Banca, nous aperçûmes les rochers de Pedro-Branco. Nous doublâmes le cap Romania, qui forme l'extrémité de la presqu'île malaise, et nous entrâmes, poussés par une jolie brise, dans la rade de Singapore.

Le *Zion* était encore fort loin de l'ancrage lorsqu'une foule de barques, montées par des Malais et des Hindous, vinrent faire leurs offres de service. Je voyais pour la première fois des Hindous avec leur costume pittoresque. La plupart avaient une figure intéressante; ils étaient enveloppés dans de longs voiles de mousseline et avaient la tête couverte d'un large turban. L'un de ces Asiatiques était originaire de Pondichéry et parlait un peu notre langue; il nous donna quelques renseignements pour nous diriger dans notre débarquement et nous rendre chez les Pères français. Pendant que notre Indien cherchait à négocier avec le capitaine, sa barque, conduite par un jeune homme, s'étant heurtée contre le gouvernail, fut renversée; mais il fut bientôt hors de l'eau. Il laissa sa barque, se promettant d'aller la repêcher plus tard.

Enfin, le *Zion* approche du lieu où il doit jeter l'ancre. A notre gauche, les pavillons anglais, hollandais, espagnols, flottent sur l'arrière de plusieurs navires; à droite et plus près de la côte, apparaissent de nombreuses jonques chinoises. L'ancre tombe : nous sommes arrivés.

La vie à bord du vaisseau anglais sur lequel je m'embarquai ne fut point toujours très-agréable, ainsi qu'on l'a vu; néanmoins, je ne me préparai pas sans quelque regret à quitter le pauvre *Zion.* Un long voyage de six mois m'avait fait considérer ce navire comme ma propre maison, et puis j'y avais pris de ces petites habitudes qu'on n'aime pas à rompre. Mais le coup d'œil qu'offrait la terre que je contemplais du haut de la dunette n'était point propre à prolonger mes regrets. Elle est belle, cette terre d'Asie, avec sa riche verdure, avec son doux climat, avec son ciel d'azur ; elle est belle surtout pour l'imagination d'un jeune Européen !

Sans vouloir donner carrière à *la folle du logis,* je dois dire que Singapore est véritablement une magnifique colonie. D'un côté, la ville offre une longue suite de riches magasins où affluent les marchandises de l'Inde, de la Chine et de l'Europe; de l'autre côté de la petite rivière dont l'embouchure sert de port, on aperçoit les charmants cottages des Européens, environnés de jardins toujours verts. C'est là que le négociant anglais, après avoir compté les dollars, bénéfice de la journée, vient goûter le confort britannique et respirer la brise embaumée du soir. Dans le quartier européen, s'élèvent le temple protestant, sur le bord de la mer, et, plus loin, l'église catholique dont la tour élégante domine toute la ville.

Cette colonie, que nous voyons maintenant si belle, si animée, était, il y a une trentaine d'années, une plage de sable habitée seulement par quelques pêcheurs malais. Au mois de mars 1849, époque de mon arrivée, Singapore avait déjà environ 60,000 habitants, la plupart émigrants chinois chassés de leur pays par la misère et par la surabondance de population. On y comptait aussi beaucoup de Malais; les blancs, originaires d'Europe, étaient peu nombreux; il y avait un certain nombre de créoles et de métis, presque tous descendants de Portugais fixés autrefois à Malacca. Le sultan de Djohore, à qui les Anglais ont acheté cette île en 1819, a abandonné ses forêts de la terre ferme pour venir y savourer les douceurs de la civilisation européenne.

Après avoir contemplé un instant Singapore, j'appelai une des barques qui attendaient autour du navire et je gagnai la terre avec mes compagnons de voyage. Nous allâmes chez les missionnaires français, dont la maison est située près du quartier habité par les Hindous et voisine de la caserne des cipayes, ces soldats noirs, avec l'aide desquels l'orgueilleuse Albion a pu jusqu'à ce jour dominer sur toute l'Asie orientale.

Je fus reçu comme un frère par ces bons missionnaires, dont l'un avait été mon condisciple à Paris. Leur chrétienté est encore peu nombreuse; mais elle fait depuis quelques années des progrès notables. Les chrétiens sont pour la plupart, ou Chinois, ou métis (nés de Malais et de Portugais). Outre la belle église catholique de la ville, il se trouve dans l'intérieur de l'île deux chapelles fréquentées par des Chinois.

L'un de ces zélés missionnaires va souvent

dans un hôpital fondé par de riches marchands chinois pour les malheureux de leur nation. Il y a fait à une époque beaucoup de conversions ; mais il s'est aperçu qu'un certain nombre de ces malheureux se convertissaient uniquement pour avoir le cercueil que la mission catholique leur fournissait à la mort. On ne saurait croire combien les Chinois attachent d'importance à être alors placés entre quatre planches. Beaucoup de ceux qui sont à l'aise se procurent un cercueil de leur vivant et le regardent comme leur meuble le plus précieux.

On remarque à Singapore plusieurs mosquées et pagodes. Étant allé visiter une des mosquées, j'y vis un vieillard à grande barbe s'avancer dans un réduit ténébreux qui sert de sanctuaire ; il ôta ses sandales, entra dans le parvis et se mit à crier comme un sourd : il paraît que c'est la manière de prier à Singapore. Fatigué de la musique de ce brave homme, je sortis bientôt et dirigeai mes pas vers une pagode chinoise, vraiment très-jolie. Après m'avoir fait traverser plusieurs cours, on m'introduisit dans le temple, où je vis différentes divinités à gros ventre; je fus surtout frappé par l'aspect d'une statue toute dorée et assez élégante : l'un d'entre nous voulait en faire une Vierge; je sus plus tard que c'était la grande *Quan In*, la Vénus chinoise.

La position de l'île de Singapore est des plus avantageuses pour le commerce. Située à l'extrémité de la presqu'île malaise, elle communique avec l'Inde par le détroit de Malacca et le golfe du Bengale; de l'autre côté, la mer de Chine lui apporte les richesses du Céleste-Empire; les îles de la Sonde lui envoient les épices, le café, etc., etc. Les vapeurs de Suez, touchant à Ceylan, passent à Singapore et continuent leur course jusqu'à Hong-Kong; peut-être iront-ils bientôt jusqu'au Japon.

Le soir du jour de mon débarquement, après avoir pris connaissance des nouvelles d'Europe, je me retirai dans une galerie où se trouvaient plusieurs lits de rotin couverts chacun d'une natte. Le sommeil fut longtemps à venir : d'abord le souvenir de la patrie et des parents et amis que j'y avais laissés vint agiter mon cœur, et puis quel contraste dans la position où je me trouvais et celle des jours précédents! Hier, j'étais dans la cabine du vaisseau, environné du silence de l'Océan; aujourd'hui, étendu sur ma natte, quel bruit, quel concert vient frapper mes oreilles? La nature du tropique semble sommeiller pendant le jour sous la chaleur du soleil; mais, la nuit, tout est vie, tout est murmure : le grillon crie, la grenouille coasse, une multitude d'animaux s'agitent, s'appellent et se répondent. Après m'être levé, après avoir écouté pendant longtemps ces bruits étranges et respiré l'air de la nuit, je pus enfin m'endormir.

Les jours suivants, le saïs ou palefrenier des missionnaires nous fit faire quelques courses : le pauvre homme courait toujours à côté de son cheval, la loi et l'usage lui défendant de monter dans la voiture. Ce saïs était un Hindou musulman, marié à une Malaise. Il avait un petit garçon de trois ou quatre ans, noir comme jais. Nous donnâmes à la mère une piastre pour acheter un vêtement quelconque à cet enfant; mais il ne voulut point le mettre, parce que, disait-il, cela le gênait.

Ce petit, qui avait d'abord peur de moi, devint ensuite moins timide. Quand il me rencontrait, il me saluait toujours en mettant sa main sur sa tête et disant : « Tabé, tuân » (*Salut, seigneur*).

Dans mes promenades, je traversai l'île dans toute sa largeur ; je gravis le Buket-Tima, le point le plus élevé de Singapore. Je m'aventurais seul, en avant de mes compagnons, et je suivais le chemin pratiqué dans la forêt épaisse qui couvre le versant de la montagne, quand je fus rappelé par mon guide, qui me fit observer que ces bois étaient le repaire des tigres. Comme on va le voir, j'eus à me féliciter, peu de temps après, d'avoir tenu compte de cette observation.

Pendant l'une des semaines que je passai dans l'île, un de ces terribles animaux fit sept victimes, entre autres un chrétien chinois, nouvellement converti. Cet homme avait été surpris par le tigre dans une plantation de gambier, en plein jour ; il portait sur la nuque, comme des coups de rasoir, les traces de ses griffes. Les Chinois qui travaillaient dans la même plantation, entendant les cris de ce malheureux, firent grand bruit : alors le féroce animal leur abandonna sa victime et se retira dans la forêt.

La partie de Singapore qui regarde le continent est beaucoup moins cultivée que l'autre ; je la traversai et j'arrivai sur le rivage du bras de mer qui sépare l'île de la presqu'île malaise. Je me baignai dans la mer. L'un de mes compagnons voulait lutter avec moi d'habileté à nager ; mais on nous fit observer que les requins étaient assez communs en ce lieu et que nous devrions nous tenir dans un endroit peu profond. Alors nous nous rapprochâmes promptement du rivage.

J'allai visiter le village chrétien habité par des Chinois et situé au centre de l'île. On a abattu un coin de la forêt, et les pauvres émigrants du Céleste-Empire sont venus y bâtir leurs humbles cabanes. Ils font autour de leurs chétives demeures quelques plantations qui les aident à vivre.

Les principales cultures dans ce pays sont celles du muscadier, du giroflier, du poivrier, du gambier. On voit aussi çà et là des plantations de cocotiers et d'aréquiers, dont le bouquet de feuilles, disposées au sommet en panaches de verdure, charme le regard du nouveau débarqué.

Je fis, avec le missionnaire de cette nouvelle chrétienté, une visite à un Chinois de ses amis, nommé Pierre. Cet homme, par son activité et son industrie, avait su amasser une petite fortune ; il possédait une fort jolie plantation qui commençait à lui donner de beaux revenus. Sa maison, éloignée de toute autre habitation, était bâtie sur le bord d'une fontaine et ombragée de vigoureux cocotiers.

Aussitôt qu'il connut notre arrivée, Pierre vint nous saluer, puis il nous apporta des noix de coco dont nous bûmes la liqueur fraîche et sucrée pour nous désaltérer. Pendant le déjeûner qu'il nous servit, il se tint toujours respectueusement debout devant nous.

Nous passâmes là deux ou trois heures fort agréables... Quel charmant séjour ! Pierre paraissait en apprécier les douceurs ; mais le revers de la médaille, c'était la crainte du tigre. Quelques jours auparavant, un superbe tonquin, sur lequel notre Chinois fondait l'espoir de jolis bénéfices, avait été étranglé par le terrible larron.

Après avoir passé un peu plus d'un mois à Singapore, je montai, le 17 avril, sur une petite barque cochinchinoise. J'aurais voulu différer mon départ de quelques jours, parce que la mousson n'était pas encore déclarée; mais le courrier, qui était le chef de l'expédition, tint à partir. On appelle mousson certains vents qui, dans les mers de la Chine, soufflent en général du sud-ouest depuis le mois de mai jusqu'en octobre, et du nord-est depuis décembre jusqu'à la fin de mars.

Je m'embarquai pendant la nuit, de peur que quelques païens annamites qui habitent Singapore ne connussent mon départ. Après être resté trois mortelles journées à l'ancre dans la rade, le vent étant toujours contraire, mes gens se décidèrent enfin, la troisième nuit, à profiter de la marée et à hisser à bord notre ancre de bois. Nous voguâmes d'abord assez paisiblement. Nous nous trouvâmes le lendemain, vers midi, à la hauteur du cap

Romania ; le vent était alors tout-à-fait tombé. Le calme est ce qu'il y a de plus ennuyeux sur mer, surtout lorsqu'on se voit dans le repaire des pirates.

Je m'occupais à lire les lettres de saint François-Xavier, qui, il y a trois cents ans, a traversé souvent les parages dans lesquels je me trouvais, lorsque mes yeux tout-à-coup s'étant portés sur la côte, je vis s'en détacher une barque remplie de monde. D'après ce que nous pûmes juger, elle était montée par des Chinois, des Malais et peut-être quelques Annamites. Mes gens, voyant cette embarcation avancer rapidement vers nous et se souvenant qu'ils avaient été menacés avant leur départ, pensèrent qu'ils allaient avoir affaire à des pirates ; ils firent en conséquence quelques préparatifs pour les reçevoir.

Le courrier qui dirigeait notre expédition avait acheté des bouts de fer creux qu'il fit remplir de poudre et de plomb. Quand les pirates se furent assez approchés, ils nous tirèrent un coup de fusil pour nous intimider. Mes braves marins, se cachant derrière les planches de leur embarcation, mirent alors le feu sans viser à leurs bouts de fer creux. Ces canons de nouvelle invention produisirent un très-bon effet ; ils faisaient passablement de bruit, et puis le plomb dont ils étaient chargés, frappant la surface de la mer, fit craindre aux larrons d'attraper quelque égratignure. Les forbans restèrent quelque temps immobiles. Enfin, ils poussèrent un grand cri : nous crûmes alors qu'ils allaient arriver sur nous. J'avais pour toutes armes un fusil à pierre qui ratait chaque coup et un pistolet. Les Annamites avaient rempli cette dernière arme de poudre anglaise et de plomb jusqu'à la gueule ; ils croyaient que la poudre européenne n'était pas plus forte que celle de leur pays. Je tirai mon pistolet : ma main ne put le retenir, tant la charge en était forte ; il vint frapper mon chapeau, brisa mes lunettes, me creva presque l'œil droit, me renversa sur la barque et alla tomber dans la mer par-dessus le bord. Si les pirates étaient arrivés sur nous en ce moment, nous étions perdus ; mais heureusement il se leva une petite brise favorable pour rentrer dans la rade de

Singapore; nous déployâmes nos deux voiles et laissâmes les pirates qui ne purent ou n'osèrent nous suivre.

Je restai une quinzaine de jours à Singapore pour me guérir de ma blessure, puis je partis dans les premiers jours de mai, allant de conserve avec une autre grande embarcation cochinchinoise qui portait deux missionnaires. Nous fûmes encore une fois attaqués par une petite barque de pirates; mais ces brigands n'osèrent en venir à l'abordage.

Enfin, le 8 mai au matin, nous voguions assez tranquillement et j'allais contempler la mer, voir de quel côté soufflait la brise, quand j'aperçus sur l'avant plusieurs grandes jonques chinoises qui se suivaient de très-près. A quelque distance de ces premières jonques, j'en vis trois autres qui paraissaient vouloir prendre le le dessus du vent. Leur manœuvre m'inspirait des doutes sur leurs desseins. Nous étions alors vers le milieu du golfe de Siam; depuis deux jours, nous avions laissé en arrière quelques petites îles qui semblent sortir de la mer comme des corbeilles de verdure. Mes gens, pensant ne rencontrer que d'honnêtes négociants, continuèrent leur route. Mais bientôt les trois jonques fondent sur nous; nous virons de bord : il n'est plus temps. Les forbans montent sur notre barque, prennent tout ce qu'ils trouvent, me mettent le sabre sur la gorge, pointent sur moi une pièce de canon et me dépouillent presque entièrement, ne me laissant qu'un petit habit annamite et un pantalon tout déchiré. Après nous avoir pillés, les brigands se dirigèrent sur l'embarcation avec laquelle nous avions voyagé jusque-là : ils la dévalisèrent aussi. L'un des missionnaires qui se trouvaient à bord reçut un coup de sabre; ils voulaient même le tuer, disant que c'était un *Poil-Rouge* (un Anglais). Le lendemain, nous rencontrâmes une barque païenne, qui, non-seulement avait été pillée, mais dont la moitié de l'équipage avait été massacré par les pirates malais.

Après ma mésaventure avec les Chinois, pour comble de malheur, les marins inexpérimentés qui me conduisaient firent fausse route : ils entrèrent trop avant dans le golfe de Siam. Enfin, après bien des moments d'anxiété, nous aperçûmes les côtes de la Basse-Cochinchine. Le rivage en est très-peu élevé au-dessus de la mer et il est occupé par d'épaisses forêts. Je devais entrer dans l'un des sept bras du grand fleuve que les Européens appellent Mêkhong. En se rapprochant de la mer, les bords de ce fleuve sont couverts des feuilles d'un arbrisseau que les Annamites nomment cocotier d'eau. C'est cet arbrisseau, dont les feuilles servent à la couverture des cabanes cochinchinoises, qui devait indiquer le port à mes gens, de sorte que, lorsqu'ils l'apercevaient, ils se croyaient arrivés; mais il n'en était rien.

Un soir, en louvoyant, nous faillîmes faire naufrage : notre barque donna sur un banc de sable; mais, comme il n'y avait pas de vent, nous parvînmes à la remettre à flot.

Ce fut sur cette côte, à l'embouchure du Mêkhong, que le Camoëns fit naufrage vers 1556, en se rendant à Macao, lieu de son exil. Il se sauva à la nage, tenant de la main droite le manuscrit de son poëme *les Lusiades* et se servant de la gauche pour nager. Ce fut aussi sur le même rivage que ce poète malheureux composa les stances tant vantées de sa paraphrase du psaume *Super flumina Babylonis.*

Après avoir tâtonné deux ou trois jours, nous pénétrâmes dans le bras du fleuve que nous devions remonter.

On me cacha sur l'arrière, au fond de la barque, sous un abri de feuilles, et l'on mit du bois à brûler par-dessus le tout. Je n'étais pas fort à mon aise; mais il fallait subir ce petit inconvénient pour éviter les regards des douaniers, qui m'auraient appréhendé au corps s'ils m'avaient aperçu. Après avoir remonté le cours du fleuve pendant plusieurs heures en profitant de la marée, mes gens laissèrent tomber au fond de l'eau leur ancre en bois et attendirent la nuit pour me débarquer.

Un vieux prêtre annamite, qui savait quelques mots de latin, vint me chercher. Il me fit descendre dans sa nacelle, puis nous remontâmes un petit canal, sur les bords duquel se trouve le village de Baixan, habité par sept ou huit cents chrétiens.

Quand je fus entré dans ce village, je me croyais presque libre : je commençais à dire quelques mots à mon conducteur; mais celui-ci me fit taire. Arrivé près de la maison dont le maître avait consenti à me donner asile, j'entrai à la hâte dans un réduit humide et obscur. Ce devait être là mon habitation.

Je reçus, cette nuit même, la visite d'un élève du collége de Pulo-Pinang, déjà revêtu des ordres mineurs. Quelques chrétiens, des plus fervents, vinrent aussi me présenter leurs hommages, non sans crainte d'être découverts. Entouré de ces hommes à figure basanée, se parlant à demi-voix et s'interrogeant sur l'état des chrétiens d'Europe, il me semblait être un de ces apôtres des premiers siècles, cachés au fond des catacombes, avec quelques fidèles, et sur la tête desquels était continuellement suspendu le glaive des persécuteurs. L'Église de Jésus-Christ sera toujours exposée à la rage des méchants. Les prisons de la Cochinchine rappellent les cachots de Rome païenne. Les missionnaires d'Annam étaient cachés dans de pauvres cabanes, et Pie IX était réfugié sur le rocher de Gaëte. C'est en expirant sur ce même rocher, qu'un grand pape, Grégoire VII, disait, il y a sept ou huit siècles : « J'ai aimé la justice et » haï l'iniquité; c'est pourquoi je meurs dans » l'exil. »

CHAPITRE III.

Séjour dans une maison cochinchinoise. — Caractère de deux de mes hôtes. — Un médecin annamite, confesseur de la foi. — Enfant du roi Thieu-Tri baptisé par ce médecin. — Oiseau parleur. — Notice historique sur le royaume d'Annam. — Traité entre Nguyen-Anh, roi de Cochinchine, et Louis XVI. — Droits conférés à la France, par ce traité, sur certaine partie de la Cochinchine. — Mgr Pigneaux, évêque d'Adran. — Tu-Duc, actuellement roi d'Annam. — Coup d'œil sur la mission de ce royaume.

Arrivé en Cochinchine, je m'occupai presque exclusivement de l'étude de la langue du pays. Bientôt la fatigue et le changement de climat me rendirent très-malade. Je crus un moment que j'allais être l'une des nombreuses victimes du choléra, qui a décimé alors la population du royaume d'Annam. Mon maître d'hôtel cochinchinois, qui craignait par-dessus tout que je ne mourusse chez lui, m'a guéri en me faisant prendre de l'eau-de-vie de riz mélangée avec du camphre.

Après avoir habité plus d'une année le royaume annamite, je commençai à en parler facilement la langue, à en connaître les mœurs et les usages. Avec ma barbe et ma moustache en croc, avec ma longue pipe, mon turban et tout mon costume oriental, on aurait pu me prendre pour un véritable Asiatique, si ce n'eût été la couleur de la peau. Afin de me concilier la faveur des indigènes, je mâchai même bientôt l'arec et le bétel, pour donner à mes dents cette belle couleur noire tant estimée chez les habitants de la presqu'île indo-chinoise.

Je changeai plusieurs fois de résidence : la sûreté du missionnaire ne lui permet pas ordinairement de rester longtemps dans le même village. Ce serait charmant de voyager sur les fleuves et les canaux de la Basse-Cochinchine, si l'on n'avait point toujours à craindre d'être pris par les mandarins ou pillé par les pirates. Les Cochinchinois ne font guère la piraterie sur mer ; mais, en revanche, les cours d'eau de ce pays fourmillent de brigands. Quand je voyageais, mes conducteurs s'arrangeaient de manière à arriver la nuit dans ma nouvelle demeure. Lorsqu'il commençait à faire sombre, on me laissait quelquefois mettre le nez dehors pour respirer la brise du soir. Les petites mouches luisantes, qui forment comme une illumination sur le bord des fleuves, éclairaient notre marche. Enfin, nous arrivions à la sourdine, vers le milieu de la nuit, et l'on m'introduisait au fond d'une baraque cochinchinoise.

Alors, le chef de la famille, partagé entre la joie d'avoir chez lui un *Maître de l'Occident* et la crainte d'être découvert recélant un malheureux proscrit, demandait la permission de se présenter devant le *bisaïeul Long*. — *Long*, qui en chinois veut dire *Florissant*, était le nom auquel je répondais dans ce pays. — La permission donnée, mon hôte venait se prosterner devant moi avec toute sa famille. Les Cochinchinois, quand ils veulent saluer, se prosternent de tout leur long et plusieurs fois de suite, selon la dignité du personnage.

Leur physionomie est toute comique lorsqu'ils passent devant un supérieur ; ils n'osent pas marcher droit et se courbent presque jusqu'à terre.

Dans mes différentes stations au pays d'Annam, je n'ai guère rencontré d'hôtel un peu confortable. Ici, j'étais dévoré par les moustiques ; là, les cent-pieds, les scorpions et même quelquefois les serpents se glissaient sur ma natte ; ailleurs, le tigre venait, la nuit, se promener autour de ma palissade, et il enlevait à mon voisin une oie ou un tonquin. D'un autre côté, je pouvais à peine avaler quelques cuillerées de riz et un peu de poisson salé que je ne digérais qu'à force de poivre et de piment. Bref, tout n'était pas à souhait pour le plaisir, ni des yeux, ni du goût, ni même de l'odorat. Je me trouvais, il est vrai, dédommagé de tant de misères par le respect que, la plupart du temps, me témoignaient mes hôtes et par le soin qu'ils prenaient de moi, selon leur pouvoir et les ressources du pays. Mon repas était souvent fort maigre, mais je ne m'en plaignais pas, en raison de la bonne volonté de mon maître d'hôtel et de sa politesse officieuse. Pendant que je mangeais, il se tenait toujours debout devant moi, disposé à me servir au moindre signe ; en son absence, son fils aîné ou quelqu'un des siens le remplaçait auprès du *bisaïeul Long*. Le soir aussi, le chef de la famille qui me donnait asile venait discourir avec moi durant une heure ou deux, selon son plus ou moins grand talent pour la conversation.

Mon premier hôte ne brillait point par l'éloquence : c'était un brave homme nommé Ong-Nhu, le plus riche habitant de son village ; il avait en argent ou en immeubles une valeur de quinze ou vingt mille francs, fortune colossale pour le pays. Ce bon vieillard me déclinait le nom de toutes les pièces employées dans la construction de sa maison, depuis le sommet du toit jusqu'au sol ; il me parlait un peu de culture de riz, de buffles, de plantations : c'était tout. Quand je lui disais que les Européens avaient fait des navires de feu, des chars de feu, qui allaient comme le vent, il secouait la tête, de l'air d'un homme qui s'imagine qu'on se moque de lui ; puis il finissait par conclure que les Européens étaient des sorciers.

Un certain M. Mouton, l'un des élégants de la contrée, a été aussi mon hôte pendant quelque temps. Celui-ci se donnait des airs de gentilhomme ; c'était un savant : je le voyais souvent prendre ses lunettes, qu'il fixait à ses oreilles avec un cordon, et lire ensuite avec grande attention les livres chinois. Ce gentleman comprenait ou semblait comprendre tout ce qu'on lui disait relativement aux sciences d'Europe; mais il prétendait que les Chinois étaient au moins nos rivaux. Lorsque la conversation avait trait à la science militaire, M. Mouton soutenait que les Annamites n'avaient pas leurs pareils : je faisais l'incrédule ; cela l'irritait et animait son ardeur patriotique. De temps en temps, dans le feu de la discussion, il passait dans sa perruque ses longs doigts armés d'ongles formidables ; il saisissait lestement... quelque pou gras et dodu, et (*horresco referens !*) il l'immolait sans pitié à la façon des singes....

J'ai demeuré quelques mois dans un village où j'aurais pu me plaire, si je n'avais été obligé d'y vivre en reclus, caché dans un coin de la cabane d'un ancien médecin de la famille royale annamite. Cet homme, le chrétien le plus fervent que j'aie rencontré sur la terre d'Annam, a confessé la foi à Huê, où il est resté prisonnier pendant plusieurs années; il a été gracié à l'occasion de l'avènement de Tu-Duc. Presque tous les jours, vers le soir, il venait passer quelques heures avec moi. Nous parlions des persécutions qu'il avait souffertes; il me faisait la description de Huê, de sa prison, du palais du roi, où il avait été souvent appelé en sa qualité de médecin. Ce pieux fidèle me dit aussi qu'un jour, en donnant quelques drogues à un tout jeune enfant du roi Thieu-Tri, il put administrer le baptême à ce petit moribond. Dieu veuille écouter les prières de cet ange et changer le cœur des princes d'Annam!

Ma vie dans la cabane de ce médecin fut peu agréable. Je me levais avant l'aurore pour dire ma messe, et, pendant la journée, après avoir enseigné deux ou trois jeunes élèves, j'étudiais un peu la langue, puis je dirigeais quelques chrétiens qu'on avait cru pouvoir avertir de mon arrivée dans le village. Le soir, je sortais un peu pour me promener, à la clarté de la lune, près de ma baraque, environnée de plantations d'orangers, de palmiers et d'autres arbres à fruits : c'était là mon seul plaisir. La crainte du tigre me forçait bientôt à rentrer au logis; je m'étendais alors sur ma natte, dans ma moustiquaire, et sommeillais un peu. Je me levais vers onze heures pour fumer ma pipe; ensuite je me reposais quelques heures à la fraîcheur du matin.

J'étais au plus grand secret dans ce réduit. Mon hôte, se défiant même de la langue de certaines jeunes filles, ses nièces, qui habitaient avec lui, n'avait pas voulu leur faire connaître ma présence dans sa maison. Je ne me permettais, ni d'éternuer, ni de tousser; à peine osais-je respirer. Je fus donc fort étonné quand j'entendis une voix étrange rire, éternuer, prononcer quelques mots d'une façon assez distincte; j'étais tout stupéfait et je rêvais déjà quelque trahison, mais je me trompais. Le drôle qui me donnait ces alarmes était un con-san, oiseau parleur ayant de l'analogie avec notre merle et qui tournait fort bien certaines phrases annamites. Il y a dans ce pays un autre oiseau dont le plumage ressemble assez à celui de notre pie et à qui on apprend aussi à parler, mais il est toujours de beaucoup inférieur au con-san. Une charmante tourterelle, un vilain singe auquel j'avais coupé la queue et qui ne savait que me faire des grimaces, un joli perroquet, qui grimpait tout le long de ma maigre personne, comme si j'eusse été un arbre de la forêt, et deux ravissantes petites perruches vertes et bleues me consolaient des ennuis de la solitude.

Quand je connus passablement la langue annamite, je m'occupai surtout à bien former ma prononciation. Les leçons que je faisais à mes élèves, ainsi que mes conversations journalières avec les habitants des maisons où j'étais caché, façonnèrent peu à peu mon oreille aux tons de cette langue singulière. Alors aussi, je m'appliquai beaucoup à étudier l'histoire du royaume d'Annam.

Je vais faire une courte notice historique sur ce pays (*a*).

Les anciens n'avaient qu'une connaissance fort imparfaite de la partie orientale de la péninsule transgangétique. D'Anville prétend cependant que Ptolémée a eu quelques notions sur ces régions lointaines. La contrée que le géographe ancien dit être habitée par les *Sinæ* serait, selon d'Anville, le territoire qu'occupent maintenant les Cambogiens et les Cochinchinois. La ville de *Thinæ* ou *Sinæ*, dont parle Ptolémée, aurait été située à peu près dans le lieu où se trouve Phnompenh, sur les bords d'un grand fleuve se divisant en deux bras, que d'Anville appelle *Cotiaris* et *Senus*. On suppose aussi que, plus au nord, en suivant le rivage de la mer et à la hauteur de la baie

(*a*) Pour cette notice, je me suis beaucoup servi du travail de mon ancien supérieur, le vénérable M. Langlois, mort il y a quelques années. M. Langlois avait lui-même puisé ses documents dans les relations des vicaires apostoliques du royaume d'Annam.

de Touranne, était une ville qu'on nomme *Sinarum metropolis.* Ptolémée dit que, vis-à-vis du pays habité par les *Sinæ*, on rencontre des îles où l'on voit des satyres remarquables par une queue magnifique.

Les peuples qui dominent maintenant dans la péninsule indo-chinoise peuvent se rattacher à deux races principales : la race hindoue, à laquelle appartiennent les Siamois, les Laociens, les Cambogiens; la race chinoise, dont descendent évidemment les Annamites. Les Malais, qui forment presque toute la population de la presqu'île de Malacca, paraissent être d'origine hindoue ainsi que les Birmans et les Pégouans. Mais, outre ces races, il y en a une qui semble avoir habité très-anciennement l'Indo-Chine; cette race est probablement celle des aborigènes. Au milieu des forêts de la Birmanie, de la Malaisie, de Siam, du Camboge et du royaume annamite, on rencontre de nombreuses peuplades qui, d'après les traditions, ont été refoulées, par des envahisseurs, des bords des fleuves dans l'intérieur des terres.

J'ai voyagé parmi ces hordes errantes, dont quelques-unes, comme les oiseaux, se perchent sur les arbres; j'ai pénétré dans les cabanes de ces sauvages, qui vivent presque dans un état de socialisme; j'ai bu de leur vin aigrelet dans leurs grandes urnes de terre cuite, qu'ils révèrent comme des divinités : j'en parlerai plus tard.

Annam est le véritable nom des royaumes réunis de Tongking et de Cochinchine. Le roi Gia-Long a voulu changer ce nom en celui de Vietnam ou Namviet; mais le nom le plus répandu est celui d'Annam, qui signifie *Paix du Midi;* les Cochinchinois s'appellent toujours entre eux *Enfants d'Annam.*

Le vaste espace qui s'étend du golfe du Tongking au golfe de Siam, sur une longueur de plus de trois cents lieues, n'a pas toujours été occupé par les Annamites. Il y a deux siècles, la partie la plus méridionale dépendait encore du Camboge; la contrée que nous appelons actuellement Moyenne et Haute-Cochinchine faisait partie du royaume Cham ou Chiem-Thanh et que les Européens ont connu sous le nom de Ciampa. Les Annamites, qui n'étaient en réalité que de véritables Chinois. occupaient le Tongking au commencement de notre ère. Ce mot Tongking vient de *Dong-King*, qui signifie *Ville royale de l'Est*.

La Chine a, depuis de longs siècles, exercé une suprématie d'opinion et même souvent de pouvoir direct sur tout l'extrême Orient. Aux yeux des Asiatiques orientaux, la Chine est l'empire par excellence. Le Fils du Ciel, c'est le grand empereur, c'est le plus puissant monarque du monde. Les annales tongkinoises nous montrent, dès le commencement, les habitants du Tongking gouvernés, soit par des vice-rois chinois, soit par des rois d'origine chinoise. Cet état dura jusqu'au dixième siècle de notre ère, époque à laquelle les Tongkinois, s'étant révoltés, chassèrent de leur pays tous les étrangers qui les avaient gouvernés jusque-là. Ils ne rejetèrent pas cependant et n'ont jamais rejeté depuis la suprématie du Fils du Ciel ; mais elle ne fut plus guère que nominale.

Le chef de la révolte, le libérateur du Tongking, fut un nommé Bo-Linh, originaire de ce pays, autrefois pâtre et devenu par ses talents général d'armée. Après avoir chassé tous les préfets chinois, il s'empara du trône la neuvième année du règne de Hau-Tong-Thai-To, premier empereur de la dix-neuvième dynastie chinoise, époque qui répond à l'an 968 de Jésus-Christ.

Bo-Linh, chef de la dynastie Dinh, prit en montant sur le trône le nom de Tien-Hoang. Il est d'usage, chez les Annamites, qu'un roi, en arrivant au pouvoir, prenne un nom qui sert à compter les années de son règne. Il arrive même quelquefois qu'un prince change plusieurs fois de nom pendant son gouvernement. Le motif qui détermine le souverain à ce changement est souvent superstitieux : c'est, dit-on, un moyen de faire cesser les calamités publiques et d'obtenir un règne plus tranquille et plus heureux. Une autre coutume du pays, c'est de ne point donner au peuple les noms des princes, des chefs de l'État; il est même défendu d'employer ces expressions dans la conversation. Aussi, l'on est quelquefois obligé de créer de nouveaux mots, dans l'impossibilité de se servir des anciens, prohibés par respect ou par superstition.

La dynastie Dinh ne donna au Tongking que deux rois ; le second fut détrôné par le commandant de ses troupes.

La dynastie Lê gouverna ensuite le Tongking, de l'an 981 à l'an 1006 de notre ère. Les fils de Dai-Hanh, chef de cette dynastie, s'étant fait la guerre, furent supplantés par la dynastie Ly, qui régna sur le Tongking jusqu'en 1225.

A cette époque, il ne restait de cette famille qu'une fille appelée Chieu-Hoang ; en se mariant, elle porta la couronne dans la famille Tran. Celle-ci gouverna les Annamites jusqu'en 1409. Alors, Trung-Quang-Dê, dernier représentant de la dynastie Tran, fut fait prisonnier par les troupes de l'empereur de Chine.

Après quelques années de soumission au Fils du Ciel, les Annamites se révoltèrent. Un descendant des rois de la famille Lê, nommé Loi, rassembla des troupes pour combattre les Chinois ; il les chassa après dix ans de guerre et rétablit sa dynastie sur le trône. Loi devint alors (1428) maître absolu de l'État et prit le nom de Thai-To; il régna jusqu'en 1435. Son fils Thai-Tong lui succéda. Celui-ci fut remplacé successivement par Nhan-Tong et Thanh-Tong, ses fils et petit-fils. Thanh-Tong commença à régner en 1460. Il gouverna le royaume annamite pendant trente-huit ans et se rendit très-illustre par sa sagesse et son habileté. Il promulgua un recueil de lois et divisa ses états en treize provinces. Les deux provinces se trouvant le plus au midi, appelées Thuan-Hoa et Quang-Nam, furent formées d'une portion considérable du royaume Cham ou Ciampa qu'il venait de conquérir. Hien-Tong, Tuc-Tong Uy-Muc-Dê, Tuong-Duc et Chieu-Tong occupèrent successivement le trône, de 1498 à 1523.

En cette année. Cung-Hoang, frère du précédent et arrière-petit-fils de l'illustre Thanh-Tong, parvint au pouvoir par les intrigues et la protection d'un général annamite, nommé Mac-Dang-Daong. Celui-ci avait quitté la profession de pêcheur pour prendre celle des armes et était devenu tout-puissant par des services importants rendus à son pays. Abusant de sa force, il chassa Chieu-Tong et mit à sa place son frère cadet. Après cinq ans de règne, Cung-Hoang fut expulsé par Mac-Dang-Daong, qui se déclara chef de l'État. Cet usurpateur abdiqua deux ans après en faveur de son fils, Mac-Dang-Duanh, et vécut encore douze ans.

Mac-Dang-Duanh régnait depuis trois ans lorsqu'un général d'armée, nommé Nguyen-Do, né dans la province de Thanh-Hoa, plaça sur le trône un prince de la famille Lê, fils de de Chieu-Tong, mais sans chasser toutefois les Mac, qui restèrent encore maîtres d'une partie considérable du royaume jusqu'à la fin du seizième siècle. Pendant tout ce temps, les deux familles se firent la guerre. Enfin, les Mac succombèrent et furent contraints de se retirer dans les montagnes de la partie septentrionale du Tongking. Ils furent même expulsés de ce dernier asile vers la fin du dix-septième siècle et se réfugièrent alors en Chine.

Le général Nguyen-Do, après avoir établi

sur le trône Trang-Tong, fils de Chieu-Tong (1533), gouverna encore le Tongking, comme premier ministre, jusqu'en 1540, époque à laquelle il mourut empoisonné par un chef des rebelles, qui avait feint de rentrer dans le devoir. Les fils qu'il laissa étaient trop jeunes pour commander. La dignité de généralissime des troupes et de premier ministre fut conférée à son gendre Trinh-Kiem, et elle devint héréditaire dans sa famille. Trinh-Kiem et ses enfants continuèrent de faire la guerre aux Mac jusqu'à leur expulsion définitive. Les rois Lê, incapables de se soutenir sur le trône et de gouverner leurs états par eux-mêmes, vivaient dans l'indolence et la mollesse. Ils laissaient le maniement de presque toutes les affaires à leurs premiers ministres, dont la puissance alla toujours croissant au détriment de l'autorité royale, qui se trouva entièrement anéantie avant la fin du dix-septième siècle.

Le chef de la famille Lê était seul appelé *vua*, c'est-à-dire roi. On lui rendait les honneurs de la royauté; il possédait de grands trésors; les troupes lui prêtaient serment de fidélité ; tous les actes du gouvernement étaient faits en son nom, mais il n'y avait aucune part. Le chef de la famille Trinh, sous le nom de *chua*, qui signifie seigneur, avait à sa disposition les troupes du royaume, levait les impôts, distribuait les dignités ; en un mot, il gouvernait en maître absolu. Il y avait donc au Tongking deux souverains héréditaires : l'un, qui n'avait que le nom et les honneurs de roi ; l'autre, qui, sans avoir ce nom, exerçait le pouvoir suprême.

Voici les noms des rois ou vua de la famille Lê, avec la date de leur avènement au trône et celle de la fin de leur règne :

1533-1549 *après Jésus-Christ*. Trang-Tong, fils de Chieu-Tong.

1549-1557. Trung-Tong, fils du précédent.

1557-1573. Anh-Tong, descendant de Thai-To à la cinquième génération.

1573-1600. Thê-Tong, fils du précédent.

1600-1619. Kinh-Tong, fils de Thê-Tong.

1619-1643. Than-Tong, fils de Kinh-Tong. Après avoir régné vingt-quatre ans, il céda le sceptre à son fils.

1643-1649. Chan-Tong, fils de Than-Tong.

1649-1663. Than-Tong reprend le sceptre après la mort de son fils.

1663-1672. Huyen-Tong, fils de Than Tong.

1672-1675. Gia-Tong, frère du précédent.

1675-1705. Hi-Tong, fils posthume de Than-Tong.

1705-1729. Du-Tong, fils du précédent.

1729-1732. Vinh-Khanh. Ce roi était fils adoptif de Du-Tong. Il fut mis à mort par le chua ou régent perpétuel du royaume, à cause de ses adultères, et ne reçut point de nom honorifique après sa mort.

1732-1735. Thuan-Tong, fils de Du-Tong.

1735-1740. Vinh-Huu. Ce roi était frère de Thuan-Tong. Après cinq ans de règne, il se démit de la royauté en faveur d'un neveu encore en bas âge, afin que le changement de roi fît cesser les calamités qui affligeaient le royaume. Il mourut la vingtième année du règne de son successeur.

1740-1786. Canh-Hung, fils de Thuan-Tong.

1786. Chieu-Thong, petit-fils du précédent. Il ne régna pas deux ans entiers. Détrôné en 1788, comme je le dirai plus loin, par les rebelles de Cochinchine nommés Tay-Son, il se retira à Péking et y finit ses jours.

Il reste encore en Chine, dit-on, des descendants de la famille Lê. Lorsque, sous le gouvernement du roi Louis-Philippe, M. Lagrenée y fut envoyé comme ambassadeur, un certain personnage se disant descendant de cette race royale annamite, vint se présenter à lui et lui demanda le secours de la France ; mais le système de non-intervention adopté alors par notre gouvernement ne permit pas de venir en aide à l'héritier prétendu des anciens rois du Tongking.

Trinh-Kiem, gendre de Nguyen-Do, administrant le Tongking après la mort de celui-ci, envoya, lorsqu'il fut en âge, son beau-frère Nguyen-Hoang gouverner les provinces conquises à la fin du quinzième siècle sur le royaume Cham ou de Ciampa, provinces qui forment ce qu'on appelle actuellement la Haute-Cochinchine. Nguyen-Hoang exerça d'abord son autorité dans ces provinces sous la dépendance de Trinh-Kiem et de son fils Trinh-Taong; il aida aussi l'un et l'autre dans leurs guerres contre les Mac.

Vers le commencement du dix-septième siècle, Trinh-Taong, envahissant de plus en plus les pouvoirs du vua, mécontenta fort son cousin Nguyen-Hoang. Celui-ci secoua alors le joug et gouverna désormais les provinces conquises sur le royaume Cham, au nom du vua, mais sans dépendre du chua de la famille Trinh. Il transmit son autorité à ses descendants. Depuis cette époque, les Trinh et les Nguyen furent presque toujours en guerre. Les Trinh envoyèrent, à diverses reprises, des armées formidables en Cochinchine pour réduire leurs cousins à l'obéissance; mais toutes leurs tentatives furent inutiles. Les Cochinchinois, non-seulement repoussèrent les attaques des Tongkinois du côté du nord; mais ils étendirent encore leur domination vers le midi, en s'emparant successivement de tout le territoire du royaume Cham et même d'une partie du Camboge.

Ainsi, pendant tout le dix-septième siècle et la plus grande partie du dix-huitième, le Tongking et la Cochinchine formèrent deux états réellement distincts et dont les peuples, par l'effet de ces guerres continuelles, devinrent ennemis, quoiqu'ils eussent une commune origine. Ils obéissaient à des maîtres différents, et cependant ils reconnaissaient les mêmes souverains dans la personne des princes de la famille Lê; mais ces rois fainéants n'avaient qu'une ombre de puissance.

Comme je l'ai déjà dit, vers l'an 1600 de notre ère, Nguyen-Hoang secoua le joug des Trinh. Il gouverna ensuite la Cochinchine pendant quatorze ans sous le nom de Tien-Vuong. Son fils Sai-Vuong régna jusqu'à sa mort, arrivée en 1635. Il fut le père de Thuong-Vuong, qui lui succéda. Celui-ci fut remplacé par son fils Hien-Vuong, qui commença à régner en 1649 et dont le gouvernement dura 37 ans.

Hien-Vuong, l'un des plus grands princes qui aient gouverné la Cochinchine, envahit bientôt la moitié d'une vaste province du Tongking, et, après y avoir laissé une partie de ses troupes pour garder sa conquête, il fit marcher le reste de son armée contre le roi du Ciampa. Le succès couronna cette seconde entreprise : le monarque cochinchinois s'empara en peu de temps de tout le royaume et du roi lui-même, qui, se voyant renfermé dans une cage de fer et ne pouvant en supporter la honte, se donna la mort de sa propre main. Hien-Vuong laissa une partie du Ciampa à la veuve de cet infortuné prince; il se contenta d'agrandir son royaume du territoire appelé depuis province de Nhatrang. Peu de temps après, le roi de Cochinchine fit encore la guerre au Camboge et y conquit plusieurs belles provinces. Ses successeurs ont continué son œuvre, et maintenant tout le Camboge méridional est incorporé au royaume d'Annam.

Ngai-Vuong succéda à Hien-Vuong, son père. Il fut remplacé successivement par Minh-Vuong, Ninh-Vuong et Vo-Vuong, ses fils, petit-fils et arrière-petit-fils. Ce dernier commença à régner en 1737. Ce fut sous son gouvernement, en 1745, qu'un homme de beaucoup de mérite et qui a rendu de grands services à la culture coloniale, M. Poivre, ouvrit des relations avec la Cochinchine et y établit un comptoir pour la compagnie des Indes françaises. Il paraît s'être fixé à Fai-Fo, ville située par le 16e degré de latitude nord, sur une rivière, à sept ou huit lieues de la mer. Cette ville a été longtemps le centre du commerce de la Cochinchine avec les étrangers ; mais elle a été ruinée pendant les guerres qui désolèrent le royaume sur la fin du siècle dernier. Le port de Touranne, appelé par les Annamites Cua-Han , dans lequel abordent maintenant les vaisseaux européens, est situé à quatre ou cinq lieues au nord de l'emplacement occupé autrefois par la ville de Fai-Fo. Ce port est l'un des plus beaux de la mer de Chine ; il est très-grand et très-sûr.

En 1749, M. Poivre se rendit à la cour de Huê pour y ménager un traité de commerce entre le gouvernement de Louis XV et celui du monarque cochinchinois ; mais il n'eut pas à se louer des procédés de celui-ci. L'entreprise échoua, comme échoueront tous les traités que les Européens pourront faire avec les Asiatiques, à moins qu'ils ne leur tiennent l'épée sur la gorge. Notre tendance à tout dominer, à tout envahir, et la défiance, la fourberie des peuples d'origine chinoise, rendront toujours impossible une paix solide et durable.

Vers l'an 1765, Vo-Vuong songea à se donner pour successeur le fils d'une concubine qu'il aimait éperdûment, au préjudice de son fils aîné et légitime, qui avait déjà été reconnu par la nation pour héritier de la couronne. Il chargea secrètement un de ses ministres de l'exécution de ce dessein. Celui-ci entra dans ses vues et prit des mesures pour réussir. Vo-Vuong mourut la même année. Le ministre tout-puissant fit proclamer roi, sous le nom de Han-Vuong ou Huê-Vuong, le fils de la concubine, âgé seulement de douze ans, et il fut lui-même déclaré régent du royaume. Deux des principaux ministres voulurent soutenir les droits du prince légitime, mais ils échouèrent dans leur projet. Détenu dans une prison, ce dernier y finit ses jours la même année, laissant deux fils en bas âge. Le régent, sous le nom de son pupille, gouverna arbitrairement et s'attira la haine des Cochinchinois, qui appelèrent alors à leur secours le roi du Tongking. Ce prince s'empara de toute la partie septentrionale de la Cochinchine et en agrandit ses états.

Pendant ces troubles, un homme du peuple, nommé Nhac, de la province de Qui-Nhon, collecteur d'impôts et joueur de profession, ramassa autour de lui une troupe de brigands du pays, auxquels se joignirent un certain nombre de Chinois, se proposant de chasser les étrangers et disant qu'il voulait rétablir le roi légitime dans tous ses droits. Par ce moyen, il réunit une armée nombreuse, arrête les Tongkinois, les chasse de la province de Cham ou Quang-Nam, enlève le peuple de cette province, l'amène dans celle de Qui-Nhon et commence à s'étendre vers le midi. Telle est l'origine des rebelles cochinchinois connus sous le nom de Tay-Son.

Le roi Han-Vuong, s'étant retiré dans la Cochinchine méridionale, ses deux neveux, fils de son frère aîné, prirent la fuite. Le plus jeune des deux frères, alors nommé Nguyen-

Anh et plus tard Gia-Long, alla retrouver son oncle. L'aîné, ayant voulu s'échapper par terre, fut pris par les Tay-Son. Nhac, leur chef, pour se servir du nom de ce jeune prince, lui fit épouser sa fille et le retint quelques années avec lui.

Le prince, étant enfin parvenu à s'évader, vient trouver le roi dans la Basse-Cochinchine. Une partie des mandarins force alors Han-Vuong à lui céder la couronne ; les autres suivent leur ancien maître, qui s'enfuit à Hatien ou Cancao, dans la contrée la plus occidentale de la Basse-Cochinchine ; mais il tombe bientôt entre les mains des Tay-Son et il est mis à mort. Son neveu, devenu roi, s'enferme dans des retranchements et s'y défend pendant six mois. Enfin, trahi par ceux qui gardaient le fort, il est contraint de se rendre à discrétion. Les Tay-Son, craignant le peuple, eurent en apparence beaucoup d'égards pour le prince; mais ils lui firent subir en secret d'indignes traitements, auxquels il ne tarda pas à succomber.

Nguyen-Anh, son frère, restait seul de toute la famille royale. Lorsque le roi son oncle fut pris par les Tay-Son, il s'échappa et resta caché pendant un mois dans la maison de Mgr Pigneaux, évêque d'Adran. Les Tay-Son s'étant retirés à Sai-Gon, Nguyen-Anh sort de sa retraite et rassemble quelques soldats; son parti grossit de jour en jour. Bientôt il se rend maître de toute la Basse-Cochinchine et est proclamé roi en 1779. Nhac, de son côté, s'étant déclaré roi et empereur, prit le nom de Thai-Duc. A plusieurs reprises, il chassa de la Cochinchine méridionale l'héritier des anciens rois. Celui-ci, aidé des Siamois, y revint en 1784 ; mais l'armée siamoise, après avoir pillé ces provinces et y avoir commis toutes sortes d'excès, le ramena à Bangkok, ainsi que le rapporte une lettre de l'évêque d'Adran, citée plus loin. Nguyen-Anh s'en échappa bientôt, et, ayant rencontré dans les îles du golfe de Siam Mgr Pigneaux, qui avait aussi été contraint de fuir et qui se disposait à passer à Pondichéry, il confia à ce prélat, comme nous le verrons, son fils aîné, fils de la reine, héritier présomptif de la couronne, âgé seulement de six ans.

L'évêque d'Adran passa en France avec son royal élève, en 1786, afin d'implorer la protection de Louis XVI en faveur du roi légitime de Cochinchine. Un traité fut conclu, le 28 novembre 1787, entre ce dernier pays et la France. Nous devions fournir des officiers pour former l'armée de Nguyen-Anh, des vaisseaux et des munitions qui le missent à même de vaincre les rebelles. Le roi de Cochinchine nous cédait la baie de Touranne ; nous acquérions de plus le droit de faire du bois dans les montagnes de Cochinchine, qui sont remplies de teck, bois excellent pour la construction des navires. En outre, Nguyen-Anh devait fournir à la France, en cas de guerre avec l'Angleterre, un fort contingent de troupes, qui auraient pu agir contre la compagnie des Indes anglaises (*a*).

Ce traité était donc avantageux à notre pays. Le comte de Conway, gouverneur de Pondichéry, devait en surveiller l'exécution ; mais il montra en cette occasion le plus de mauvaise

(*a*) Voyez, après le dernier chapitre, le texte des principaux articles de ce traité.

volonté possible, et puis la révolution de 1789 vint entraver et arrêter tous les projets du gouvernement de Louis XVI sur l'Asie orientale. Cependant Mgr Pigneaux parvint à équiper quelques vaisseaux et à les charger de munitions. Il partit pour la Cochinchine avec vingt officiers français, parmi lesquels on distinguait MM. Dayot, Chaigneau, Vannier et Olivier, qui reçurent le titre de mandarins. Ils rendirent au roi les plus grands services en dressant l'armée, bâtissant des forteresses et construisant des vaisseaux à l'européenne.

Pendant le voyage de l'évêque d'Adran en Europe, la fortune avait de nouveau souri à Nguyen-Anh. La discorde divisait les Tay-Son. Ces rebelles étaient trois frères : l'aîné, dont nous avons déjà parlé, s'appelait Nhac et prit plus tard le nom de Thai-Duc ; le second, qui avait été bonze, fut placé par son frère aîné comme gouverneur de la Basse-Cochinchine ; le plus jeune, nommé Long-Nhung, était le plus actif, le plus entreprenant et le plus habile dans le métier de la guerre : il devint bientôt le plus puissant.

Des discordes civiles ayant éclaté au Tongking, Long-Nhung, appelé par un parti, s'empara en 1786 de toute la Cochinchine septentrionale, depuis plusieurs années au pouvoir des Tongkinois; il ravagea le pays, força tous les hommes en état de porter les armes de s'enrôler dans ses troupes et traversa le Tongking avec la rapidité de l'éclair. A l'arrivée de Long-Nhung à la ville royale, le chua de la famille Trinh, régent perpétuel du Tongking, abandonné de ses troupes, prit la fuite et se donna la mort. Le vua Canh-Hung, qui était assis sur le trône depuis 1740, mourut sur ces entrefaites, laissant Chieu-Tong pour lui succéder, ainsi qu'on l'a vu plus haut.

Les Tay-Son, revenus du Tongking avec un immense butin, se brouillèrent en partageant les dépouilles. Les deux frères de Nhac voulurent avoir aussi des états à gouverner. Long-Nhung se déclara souverain de la Haute-Cochinchine; le second des trois frères prit pour sa part la Basse-Cochinchine, et Nhac ou Thai-Duc fut obligé de se contenter de la Moyenne-Cochinchine.

Le nouveau maître de la Basse-Cochinchine mourut bientôt. Nguyen-Anh rentra alors dans cette portion de son héritage.

Long-Nhung, après s'être fait reconnaître souverain indépendant par son frère aîné, accourut de nouveau au Tongking au commencement de 1788, répandit partout la terreur par les cruautés qu'exercèrent ses soldats, se déclara roi du Tongking et prit le nom de Quang-Trung. Le jeune roi Chieu-Thong s'enfuit en Chine et sollicita la protection de l'empereur. Celui-ci envoya en 1789 une nombreuse armée de Chinois pour replacer Chieu-Thong sur le trône; mais Quang-Trung, qui, après sa conquête, était retourné en Cochinchine, vint à marches forcées fondre avec un petit nombre de troupes sur l'armée chinoise et la défit si complètement, que fort peu de soldats échappèrent au carnage. Après cette victoire, il resta paisible possesseur de tout le Tongking et de la Haute-Cochinchine. Cet usurpateur ne jouit pas longtemps du fruit de ses conquêtes : il mourut au mois de septembre 1792.

Peu de temps avant la mort du plus jeune

des chefs des rebelles, Nguyen-Anh fit construire à Sai-Gon, par M. Olivier, officier du génie, un bon fort avec bastions, fossés, ponts-levis, chemins couverts, glacis, demi-lunes. Cet officier avait aussi formé un corps de fusiliers habitués par lui aux manœuvres à l'européenne. Le roi possédait alors un beau vaisseau commandé par MM. Dayot et Vannier.

Enhardi par quelques petits succès qu'il avait déjà remportés, Nguyen-Anh rassemble sa flotte, fait embarquer sur la frégate de M. Dayot le capitaine Olivier avec son régiment, et met à la voile pour Qui-Nhon, port où étaient réunies toutes les forces navales de l'aîné des rebelles. Le roi pensait n'y faire qu'un coup de main pour affaiblir son adversaire et l'empêcher de venir l'attaquer lui-même : son dessein réussit au-delà de ses espérances. Il entra dans le port à l'abri du navire européen, qui était arrivé une heure avant le reste de la flotte. Les rebelles, sortis au-devant de ce bâtiment pour l'écraser par leur nombre, tiraient sur lui de tous côtés; mais, à la manière dont les officiers français les reçurent, ils virent bientôt que la lutte ne pouvait être égale. Tous les vaisseaux de Thai-Duc furent détruits et ses magasins furent brûlés.

Cette défaite rendit furieux le plus jeune des Tay-Soñ. Voici la proclamation qu'il adressa peu de temps avant sa mort aux habitants des provinces de Quang-Ngai et de Qui-Nhon, ses compatriotes.

« Vous tous, grands et petits, depuis plus de vingt ans, vous ne subsistez que par les bienfaits de notre famille. Il est vrai que, pendant ce temps, si nous avons remporté des victoires dans le nord et dans le midi, nous le devons à votre attachement. C'est dans vos provinces que nous avons trouvé des hommes courageux et des mandarins capables pour former notre cour. Partout où nous avons porté nos armes, nos ennemis ont été mis en déroute; partout où nous avons étendu nos conquêtes, les Siamois et les cruels Chinois ont été obligés de subir le joug.

» Que sont devenus les restes impurs de l'ancienne cour? Depuis plus de trente ans, avons-nous jamais vu qu'ils aient rien fait de bien? Dans cent combats que nous leur avons livrés, leurs soldats ont été dispersés, leurs généraux mis à mort ; la province de Gia-Dinh a été couverte de leurs ossements. Vous avez été témoins de ce que nous disons, et, si vous ne l'avez pas vu de vos propres yeux, au moins l'avez-vous entendu de vos oreilles. Quel cas faire de ce misérable Chung (Nguyen-Anh), qui s'est enfui dans les tristes royaumes d'Europe? Quant au peuple timide de Gia-Dinh, qui ose aujourd'hui se mettre en mouvement et lever une armée, pourquoi le craignez-vous? Pourquoi votre cœur est-il saisi d'effroi? Si leur armée de terre et de mer s'est présentée dans tous vos ports, et si elle s'en est emparée lorsqu'on ne devait pas s'y attendre, c'est — le grand empereur (son frère aîné) nous l'a déjà fait connaître — parce que les mandarins, les soldats et vous tous, dans ces deux provinces, n'avez pas eu le courage de combattre. Votre armée de terre s'est enfuie de son côté, et celle de mer s'est enfuie du sien.

» Maintenant, selon l'ordre de notre frère l'empereur, nous préparons nous-même une armée formidable par terre et par mer, et nous allons réduire les ennemis de notre nom avec la même facilité que nous froisserions un morceau de bois pourri ou de bois sec. Quant à vous tous, ne faites aucun cas de ces ennemis : ne les craignez point; mais seulement ouvrez les yeux et les oreilles pour voir et entendre ce que nous allons faire. Vous verrez que les provinces de Binh-Khang et de Nha-Trang, qui ne sont que des débris du cadavre de Gia-Dinh; que la province de Phu-Yen, qui a toujours été le centre de la guerre, et qu'enfin depuis celle de Binh-Thuan jusqu'au Camboge, toutes les provinces, d'un seul coup, vont rentrer sous notre puissance, afin que tout le monde sache que nous sommes véritablement frères, que le même sang coule encore dans nos veines.

» Nous vous exhortons tous, grands et petits, à soutenir la famille de l'empereur et à lui rester fidèlement attachés, en attendant que notre armée purifie la province de Gia-

Dinh et y établisse notre autorité. Les noms de vos deux provinces seront immortels dans nos annales. Ne soyez pas assez crédules pour ajouter foi à ce qu'on dit des Européens! Quelle habileté peut avoir cette espèce d'hommes? Ils ont tous des yeux de serpents verts, et vous ne devez les regarder que comme des cadavres flottants qui nous sont jetés ici par les mers du nord. Qu'y a-t-il d'extraordinaire pour venir nous parler de vaisseaux de cuivre et de ballons?....

» Tous les villages qui se trouvent sur les chemins, dans vos deux provinces, auront soin de faire partout des ponts, afin de faciliter le passage de nos troupes. Aussitôt que cet ordre vous parviendra, vous devrez vous y conformer.

» Recevez avec respect ce manifeste, car tel est notre bon plaisir.

» Le dixième jour de la septième lune de la cinquième année de Quang-Trung. »

La mort vint mettre un terme à cette forfanterie et à ces menaces. Quang-Trung laissa ses états à l'un de ses fils, encore en bas âge, qui fut reconnu roi sous le nom de Canh-Tinh, auquel il substitua plus tard celui de Bao-Hung, dans l'intention de faire changer la fortune qui lui était contraire.

En 1793, les mandarins qui gouvernaient au nom de Canh-Tinh forcèrent son oncle Thai-Duc à abdiquer. Ils étaient venus d'abord pour le secourir contre Nguyen-Anh, qui l'assiégeait dans Qui-Phu, sa capitale. On laissa à peine à Thai-Duc pour une honnête subsistance. Il mourut la même année, accablé de honte et de chagrin. Le fils de Thai-Duc leva une armée avec laquelle il vint attaquer Canh-Tinh. Vaincu et obligé de se retirer à Qui-Phu, ancienne résidence de son père, il y fut pris peu de temps après et contraint, par ordre de son cousin, de se donner la mort.

La guerre continua pendant longtemps encore entre l'héritier de Quang-Trung et le roi légitime. Celui-ci, aidé des conseils de l'évêque d'Adran et soutenu puissamment par les officiers français qui s'étaient attachés à son service, ne tarda pas à prendre le dessus sur son adversaire. Comme il avait un certain nombre de vaisseaux de construction européenne, commandés par des Français, sa marine était de beaucoup supérieure à celle de ses ennemis : il brûla plusieurs fois la flotte des Tay-Son. L'armée de terre de Nguyen-Anh, quoique moins nombreuse que celle de Canh-Tinh, ayant été organisée à l'européenne, eut bientôt aussi une grande supériorité sur celle des rebelles. M. Olivier, d'après les ordres du roi, construisit un fort dans la province de Nha-Trang. Les rebelles vinrent attaquer ce fort en 1794, mais ils furent repoussés : quelques décharges de petites pièces de campagne suffirent pour jeter le trouble parmi eux. Le canon de campagne les étonna beaucoup : « On ne peut, dirent-ils, résister à cet instrument de guerre ; on le mène par la bride comme un cheval ; il court partout avec l'armée. » En 1799, Qui-Phu, capitale de la province de Qui-Nhon, tomba au pouvoir de Nguyen-Anh. Le prince Canh, élève de Mgr Pigneaux, commandait dans l'armée qui s'empara de cette ville.

Ce jeune prince fut peu de temps après

enlevé par la petite-vérole : il mourut en 1801. Malheureuse victime d'une contagion plus funeste, il s'était laissé entraîner par les maximes corrompues et les exemples pervers d'une cour idolâtre et dépravée, aussi bien que par le torrent de ses passions ; mais, pendant sa dernière maladie, les sentiments de foi et de piété qu'il avait eus dans son enfance se réveillèrent. Sur sa demande, il fut baptisé par un fervent chrétien attaché à son service. Il laissa des fils nés d'une concubine. Éloignés du trône par leur grand-père Gia-Long, ces enfants ont toujours été suspects aux derniers rois.

En cette même année 1801, les Tay-Son vinrent assiéger Qui-Phu. Pendant ce temps, Nguyen-Anh conduisit sa flotte à Huê ou Phu-Xuan, capitale de la Haute-Cochinchine, et se rendit maître de tout le pays jusqu'à la muraille qui sépare le Tongking de la Cochinchine. Se bornant pour cette année à ce succès, il se fortifia dans ses positions. L'armée des rebelles, qui avait repris la ville capitale de la province de Qui-Nhon, coupée dans ses communications, fut obligée de battre en retraite en passant par les montagnes de l'ouest, habitées par les sauvages, et périt misérablement presque tout entière.

Le jeune roi des Tay-Son, qui, à l'arrivée du roi légitime, s'était enfui précipitamment au Tongking, crut échapper au malheur qui le menaçait en changeant le nom des années de son règne : comme on l'a vu, il substitua le nom de Bao-Hung à celui de Canh-Tinh. Il fit des levées de troupes extraordinaires, et, au mois de février 1802, il alla en personne, à la tête d'une nombreuse armée, attaquer la muraille qui ferme la Cochinchine ; mais son armée fut mise en déroute. Après cet échec, Bao-Hung fit de nouvelles levées et fortifia tous les passages sur terre et sur les rivières. Ces préparatifs de défense furent inutiles. L'armée du roi légitime de Cochinchine, qui entra au Tongking au mois de juin de la même année, n'éprouva presque aucune résistance, et, dès le mois de juillet, ce prince fut maître de tout le pays. Le jeune roi des Tay-Son, ses frères, tous les membres de sa famille et tous les grands mandarins qui étaient à son service tombèrent entre les mains du vainqueur. Ils furent emmenés captifs à Phu-Xuan. Nguyen-Anh fit bientôt mettre à mort les membres de la prétendue famille royale. Les grands mandarins furent aussi presque tous punis du dernier supplice.

Ainsi finit la guerre civile de Cochinchine, après une durée de trente ans. A partir de cette époque, le chef de la famille Nguyen régna seul sur toute la terre d'Annam.

Avant l'année 1802, ce prince ne prenait encore que le titre de chua ou régent perpétuel, et tous les actes de son règne, même après la chute complète de la famille Lê, étaient datés des années de Canh-Hung, qui sont celles de l'avant-dernier vua du Tongking, mort en 1786 ; il ne comptait pas celles de Chieu-Thong, successeur de Canh-Hung. Les Tongkinois s'étaient flattés que le roi de Cochinchine, après avoir anéanti la faction des Tay-Son, se contenterait de régner en maître absolu sur la Cochinchine et replacerait sur le trône du Tongking un prince de la famille Lê, à l'exemple de Nguyen-Do, qui rétablit Trang-Tong sur le trône usurpé par la faction des Mac. Mais Nguyen-Anh, avant de partir de Phu-Xuan pour la conquête du Tongking, en juin 1802, se déclara souverain indépendant de tout le Tongking et de toute la Cochinchine, et il donna à son règne le nom de Gia-Long, qu'il substitua ainsi au sien. En 1804, il fut reconnu roi par l'empereur de Chine. Les Tongkinois supportèrent impatiemment le joug de Gia-Long : il y eut souvent des révoltes partielles, mais elles furent étouffées facilement.

Gia-Long mourut le 25 janvier 1820. Son fils et successeur est connu sous le nom de Minh-Mang. Ce prince, orgueilleux et féroce, inquiet d'autre part des progrès que les Anglais avaient faits depuis un quart de siècle dans l'Asie orientale, se proclama l'ennemi des Européens et méconnut les services que les Français avaient rendus à son père. Il força, par ses vexations, les mandarins de notre nation à quitter la Cochinchine. Bientôt il se déclara ouvertement persécuteur du christianisme et fit périr dans les plus affreux supplices plusieurs de nos compatriotes et un grand nombre de ses propres sujets. Minh-Mang mourut presque subitement d'une chute de cheval, le 21 janvier 1841, dans la cinquantième année de sa vie et la vingt et unième de son règne, également odieux aux catholiques et aux païens.

Il eut pour successeur son fils Thieu-Tri. Celui-ci, moins furieux persécuteur que son père, régna assez paisiblement. Cependant, au commencement de 1847, la frégate la *Gloire* et la corvette la *Victorieuse*, étant venues jeter l'ancre dans la baie de Touranne, faillirent être victimes d'un guet-apens. Le commandant Lapierre et ses officiers furent invités à manger à terre; mais il paraît, d'après une lettre dont on s'empara, que les Annamites auraient eu l'intention de massacrer l'état-major pendant qu'il serait à terre et d'attaquer ensuite les deux vaisseaux privés de leurs chefs. Le commandant français, prévenant ses ennemis, attaqua le premier et détruisit en une heure presque toute la flotte cochinchinoise, composée d'un grand nombre de jonques et de plusieurs belles corvettes construites à l'européenne. Mille à douze cents Annamites périrent dans cette action ; nous n'eûmes qu'un homme de tué. A la nouvelle de ce désastre, Thieu-Tri, transporté de fureur, fit briser les objets européens qu'il avait dans son palais ; on dit qu'il fit aussi cribler de coups de fusil, par ses soldats, des mannequins revêtus de l'uniforme français. Ce prince mourut peu de temps après, le 4 novembre 1847.

Son fils Tu-Duc, jeune homme de dix-sept ou dix-huit ans, lui succéda au détriment de son frère aîné, An-Phong. Celui-ci fit différentes tentatives pour s'emparer du pouvoir, mais il ne réussit pas. Mis aux fers à la suite de ses projets de révolte, il a été obligé, dit-on, de se donner la mort dans sa prison : son frère lui avait envoyé une corde, une épée et du poison.

Le gouvernement de Tu-Duc est aussi hostile aux Européens que l'étaient les précédents. Le petit-fils de Minh-Mang ne veut pas des

« barbares d'Occident (*a*). » Ce sont eux qui ont rétabli sa dynastie sur le trône ; mais qu'importe ? Ce ne sera point à la suite de négociations qu'on reconnaîtra les quelques droits incontestables de la France sur la terre d'Annam : Tu-Duc ne se rendra docile qu'à la voix du canon. La difficulté d'une entreprise contre le royaume annamite ne serait pas grande. La population de cet état s'élève, il est vrai, à vingt ou vingt-cinq millions d'habitants ; mais, sur cette population, il y a cinq cent mille chrétiens qui pourraient être pour nous d'utiles auxiliaires, et puis ces vingt ou vingt-cinq millions d'hommes, disséminés sur un espace de plus de trois cents lieues en longueur, ne pouvant se prêter facilement un secours efficace, seraient bientôt vaincus par quelques navires de guerre et par quelques milliers de soldats européens.

Après avoir donné cet aperçu de l'histoire politique du royaume d'Annam, je vais jeter

(*a*) Il y a quelques mois, M. de Montigny, envoyé par l'empereur, a essayé de nouer des relations avec le roi annamite ; mais il a échoué.

un coup d'œil sur l'histoire de la mission de Cochinchine.

Ce fut sous l'administration de Sai-Vuong que le christianisme s'implanta définitivement chez les Annamites. Saint François-Xavier, lorsqu'il se rendait au Japon sur le navire d'un pirate, toucha à la Cochinchine, mais il ne paraît point y avoir débarqué. En 1596, le dominicain espagnol Diego Advarte aborda dans ce pays. Son apostolat donnait les plus belles espérances lorsque l'arrivée de soldats de sa nation vint tout compromettre. Le missionnaire dut se rembarquer et reçut même, en se retirant, deux coups de flèche. Cette première tentative de mission sur la terre d'Annam eut donc peu de résultats; mais il n'en fut pas ainsi de celle que les Pères jésuites firent quelques années plus tard. Le P. Buzomi, arrivé en Cochinchine le 18 janvier 1615, et le P. Alexandre de Rhodes, en 1624, furent les véritables fondateurs de cette belle chrétienté annamite, maintenant encore la consolation et la gloire de l'Église catholique dans l'Asie orientale.

Les évêques et les prêtres français de la Société des Missions-Étrangères débarquèrent sur la terre d'Annam pendant le règne de Hien-Vuong, petit-fils de Sai-Vuong. Le P. de Rhodes, après avoir converti un grand nombre d'indigènes, songeant à l'avenir de la mission annamite, crut qu'il n'y avait d'espoir de durée et de progrès pour cette chère chrétienté que dans la création d'un clergé formé parmi les habitants du pays. Il revint donc en Europe pour travailler à la réalisation de cette idée et contribua de tout son pouvoir à la création de la Société des Missions-Étrangères, société qui, fournissant des évêques et des prêtres pour les chrétientés de l'Asie orientale, devait s'occuper particulièrement de la formation d'un clergé indigène.

Je n'ai pas l'intention d'entrer dans le détail historique de la mission de Cochinchine : Mgr Luquet a publié, il y a quelques années, des lettres adressées par lui à Mgr Parisis, évêque de Langres, où l'on trouvera tout ce qui concerne les missions annamites. Qu'il me suffise de dire que l'histoire de la chrétienté cochinchinoise est un long martyrologe. La persécution, et souvent la persécution la plus sanglante, a presque toujours sévi dans ce pays : c'est l'histoire des premiers siècles de l'Église sous les Néron et les Domitien. Beaucoup de chrétiens cochinchinois montrèrent alors aussi le courage des chrétiens des âges antiques : l'espérance dans les joies et les récompenses de la vie future était leur seule consolation ici-bas. « Souviens-toi, écrivaient à un jeune homme dont la tête allait tomber sous la hache des bourreaux les élèves d'un collége annamite, dispersés çà et là par l'orage qui grondait sur leur tête, souviens-toi que la force du Tout-Puissant s'est aussi fanée comme une fleur au jardin des Olives : souviens-toi que se faner ainsi, c'est fleurir. L'Agneau sacré s'est aussi livré aux loups du Calvaire : souviens-toi que mourir avec lui, c'est vivre. »

Je vais donner la succession des évêques qui ont administré la Cochinchine depuis Mgr de la Mothe-Lambert jusqu'à NN. SS. Cuënot, Lefebvre et Pellerin, entre lesquels cette mission est maintenant divisée.

1er *Évêque vicaire apostolique.* Pierre de la Mothe-Lambert. Il fut sacré évêque de Bérithe en 1660, aborda le 22 avril 1662 à Juthia, ancienne capitale du royaume de Siam, passa ensuite à différentes reprises en Cochinchine et mourut à Siam le 15 juin 1679.

IIe. Guillaume Mahot, évêque de Bide, mort le 15 juin 1684.

IIIe. François Perez, évêque de Bugie. C'était un métis, fils d'un Manillois et d'une Siamoise. Il avait été élevé au séminaire de Juthia. Il eut pour coadjuteur Mgr Marin Labbé, évêque de Tilopolis. Celui-ci mourut le 24 mars 1723. L'évêque de Bugie ne mourut que le 29 septembre 1728.

IVe. Alexandre de Alexandris, religieux barnabite italien, évêque de Nabuce. Il eut pour coadjuteur le R. P. Valère Rist, religieux franciscain, qui mourut en 1737, l'année même où il avait été sacré évêque de Minda. L'évêque de Nabuce mourut en 1738. Ces deux évêques et leurs successeurs passèrent une partie de leur vie au Camboge. Ce pays servait de refuge aux missionnaires pendant les persécutions qui sévissaient en Cochinchine.

Lors de mon séjour au Camboge, j'ai fait des recherches dans l'espoir de retrouver les tombes de ces hommes apostoliques; mais, pendant les guerres civiles et étrangères qui désolèrent longtemps ces contrées, le désert avait envahi la cendre des morts et l'oubli s'était fait autour de leurs tombeaux.

Ve. Armand-François Lefèvre, évêque de Noëlena, mort au Camboge le 27 mars 1760. Il avait eu pendant plusieurs années pour coadjuteur Mgr Edme Bennetat, évêque d'Eucarpie. La persécution de 1750 ayant forcé ce prélat à s'éloigner de la terre d'Annam, il se rendit à Pondichéry, où le fameux Dupleix lui remit des présents qu'il porta au roi de Cochinchine. Celui-ci l'accueillit avec bienveillance; mais une nouvelle persécution s'étant élevée en 1753, Mgr d'Eucarpie fut obligé de quitter le pays. Il mourut à l'île de France, le 22 mai 1761.

VIe. Guillaume Piguel, évêque de Canathe, mort au Camboge le 21 juin 1771.

VIIe. Georges-Pierre-Joseph Pigneaux, sacré évêque d'Adran en 1774. Ce fut l'un des évêques missionnaires les plus distingués qui aient évangélisé l'Asie orientale. Il était né à Aurigny, dans l'ancien diocèse de Laon. Il partit pour les Indes en 1765. Arrivé dans les missions, il rassembla les débris du collége de Juthia, après la prise et la destruction de cette ville par les Birmans, et fut durant plusieurs années supérieur de cet établissement, qu'il fixa dans la province de Cancao ou Hatien. Pendant les guerres qui désolèrent ces tristes contrées, l'évêque d'Adran s'attacha à Nguyen-Anh, depuis Gia-Long, auquel il rendit, comme nous l'avons vu, d'éminents services. Je vais citer ici, pour le faire mieux connaître, une lettre qu'il adressait de Pondichéry, le 20 mars 1785, aux directeurs du séminaire des Missions-Étrangères :

« ..... Depuis quatre ans, il ne m'a pas été possible de vous donner des nouvelles des missions de Cochinchine et du Camboge. Les troubles de la guerre qui y durent encore et les misères qui en sont les suites inséparables m'ont à peine laissé le temps de respirer. Je profite du premier moment de liberté pour donner une relation abrégée de mes aventures.

» Au mois de mars 1782, obligé, par l'invasion des rebelles, d'abandonner la Cochinchine, je me retirai au Camboge avec le collége et deux Pères franciscains espagnols. J'y trouvai MM. Liot et Langenois, qui fuyaient eux-mêmes la guerre de Siam, et qui, après avoir abandonné leurs églises, étaient avec leurs chrétiens à une journée de la cour, sur la rivière qui descend en Cochinchine. La famine était alors très-grande au Camboge, et, si je n'avais eu la précaution d'y envoyer des bateaux de vivres avant l'arrivée des rebelles, nous n'aurions jamais pu y subsister. Nous restâmes dans nos bateaux environ six semaines, jusqu'à ce que, les Siamois ayant évacué le Camboge, nous eûmes la liberté de revenir avec les chrétiens cambogiens à l'endroit où ils étaient auparavant. Nous n'y trouvâmes que des cendres, et il fallut commencer par nous mettre à l'abri du soleil et à couvert des pluies qui allaient tomber.

» A peine fûmes-nous logés, que nos alarmes devinrent beaucoup plus grandes. Le chef des rebelles de Cochinchine, après avoir obligé le roi légitime de fuir en mer, s'empara de toutes les provinces et envoya aussitôt des troupes au Camboge pour forcer le souverain et les mandarins à le reconnaître. Le premier ordre qu'il donna fut de prendre tous les Cochinchinois qui s'étaient réfugiés au Camboge et de les reconduire en Cochinchine. Cet ordre fut exécuté avec la dernière rigueur, et je vous laisse à penser dans quelle inquiétude nous devions nous trouver. Nous avions avec nous plus de quatre-vingts Cochinchinois ; tous les mandarins du Camboge en savaient le nombre.

» Cependant la Providence nous délivra : voici comment. Un homme malintentionné, croyant faire sa cour aux rebelles, vint leur déclarer qu'un évêque et deux Pères nouvellement arrivés de Cochinchine avaient avec eux plus de cent Cochinchinois déguisés en Portugais; qu'il connaissait le lieu où ils s'étaient retirés, et que, s'ils le voulaient, il les y conduirait. Heureusement le chef de la troupe à qui il s'adressa était chrétien. Il rejeta cette délation avec indignation et me fit avertir de cacher les Cochinchinois pendant quelque temps. Il ajouta que, quoique le roi des rebelles passât pour chrétien, il ne fallait pas se fier à ce qu'on en disait; qu'il n'avait point la foi et qu'il était également ennemi de la religion chrétienne et des idoles. Je distribuai, en conséquence, une partie de ces Cochinchinois chez tous les chrétiens, et, pour faire oublier que j'étais au Camboge, je me réfugiai avec mes écoliers et le reste de mes gens dans les plus affreux déserts. Mes bateaux me suivirent dans les sinuosités inconnues de la rivière. J'y restai près de deux mois.

» Ayant ensuite appris que le peuple se soulevait partout en Cochinchine et que les rebelles avaient quitté le Camboge, je revins me joindre à mes confrères dans une nouvelle habitation. La famine allait toujours en augmentant, et le riz était si rare qu'on ne pouvait même en trouver pour de l'argent.

Les provisions que j'avais faites en Cochinchine étaient sur le point d'être épuisées. Une guerre intestine et des plus acharnées, qui commençait déjà à éclater au Camboge par le massacre des plus grands mandarins, ne nous laissait d'espoir qu'en la divine Providence, lorsque le bon Maître, qui n'abandonne jamais ceux qui le servent, nous tira encore de ce nouvel embarras. Le roi de Cochinchine rentra dans les provinces qu'il venait d'abandonner. Nous y revînmes aussitôt avec tout notre monde. »

L'évêque d'Adran parle alors de l'administration des chrétiens et raconte aussi la mort d'un franciscain espagnol, le P. Ferdinand Odemilla, massacré par les rebelles, qui l'accusaient d'avoir excité, par la magie, une tempête pendant laquelle plusieurs de leurs barques périrent. Il passe ensuite aux préparatifs d'une nouvelle fuite.

« ..... J'allai, dit-il, à l'endroit où était le roi pour le visiter et, en administrant les chrétiens de la cour, préparer des bateaux de mer et toutes les provisions nécessaires pour la fuite future. Le roi du Camboge venait d'être enlevé par les Siamois. La guerre et la famine qui désolaient ce royaume ne nous laissaient aucune ressource; nous n'avions d'autre refuge que dans les îles du golfe de Siam.

» Le jour de saint Joseph, patron de la mission, nous reçûmes la première nouvelle de l'approche des rebelles. Nous partîmes aussitôt et sortîmes par le port de Bassac. Nous abordâmes, le second jour, à une chrétienté de quatre cents Cochinchinois qui n'avaient point été administrés depuis sept ans. Nous restâmes huit jours en cet endroit. Le roi fugitif y étant arrivé avec cinquante et quelques vaisseaux, nous prîmes le parti d'en sortir pour aller chercher un lieu plus retiré. Nous nous arrêtâmes dans une grande île du golfe de Siam pour célébrer la fête de Pâques. Jamais, depuis mon arrivée dans l'Inde, je n'avais joui d'une si grande tranquillité. Nous passâmes ensuite dans un village pour radouber nos bateaux. Là, tous mes gens tombèrent dangereusement malades : l'un d'eux, jeune homme de grande piété, y mourut. Sur ces entrefaites, nous apprîmes que le roi ne se trouvait plus qu'à une demi-journée de nous et que les rebelles étaient à sa poursuite. Quelques jours après, le roi livra encore une bataille aux rebelles et la perdit avec presque toute l'armée navale qui lui restait. N'ayant plus alors aucun espoir de retourner en Cochinchine, je fis voile pour Siam et j'arrivai à Chantabun le 21 août 1783, cinq mois après être sorti de Cochinchine. »

Mgr Pigneaux raconte en cet endroit les difficultés qu'il eut à éprouver à Bang-Kok, nouvelle capitale du royaume de Siam. Il continue en ces termes :

« ..... Je partis donc de Bang-Kok, le 12 décembre 1783, pour me rendre à Chantabun et pour me disposer, après avoir mis ordre aux affaires du collége, à repasser une seconde fois à la côte de Coromandel. Je me félicitais d'avoir échappé aux Siamois ; mais j'étais bien éloigné de voir la fin de mes malheurs.

» Et d'abord, je trouvai à Chantabun l'armée envoyée contre les Cochinchinois. Le général voulut s'emparer de mon bateau, et il en était déjà en possession quand on vint m'en donner avis ; il ne l'abandonna qu'après que je lui eus montré le passeport dont j'étais muni. Ce mandarin m'ordonna de ne pas sortir du port avant le départ de la flotte ; je fus obligé d'attendre jusqu'à la mi-janvier 1784, à une lieue et demie de Chantabun. Pendant que nous étions au milieu des îles qui sont à l'ouest de Compongsom, province du Camboge qui confine avec le royaume de Siam, nous fûmes tout-à-coup entourés d'une douzaine de bateaux qui nous donnèrent d'abord de vives inquiétudes. Comme ils approchaient toujours, je découvris des mandarins que je connaissais. J'appris d'eux que le roi de Cochinchine n'était qu'à une portée de canon de l'endroit où nous nous trouvions. Je me rendis aussitôt auprès de ce prince et je le vis dans le plus pitoyable état. Il n'avait plus avec lui que six ou sept cents hommes, un vaisseau et une quinzaine de bateaux ; mais c'était encore beaucoup trop, puisque l'infortuné manquait de vivres et que les soldats mangeaient déjà des racines. Je fus obligé de lui offrir une partie de mes provisions. On ne saurait se figurer quels furent la reconnaissance et les témoignages de sensibilité que le roi et tous ses soldats firent éclater en recevant le peu de choses que je pus leur donner. Le roi fit si bien qu'en me remettant du jour au lendemain il me retint avec lui près de quinze jours.

» Je partis enfin et nous arrivâmes à l'île de Pulo-Punjam le 6 février 1784. Nous essuyâmes là un calme si profond, que pendant sept jours entiers nous ne pûmes quitter la vue de cette île. Enfin, le huitième jour, un petit vent du sud-est s'étant élevé, nous tentâmes de passer le golfe de Siam, tenant le plus près du vent ; mais cela nous fut encore impossible. Après avoir couru pendant dix jours, tantôt vers une côte, tantôt vers une autre, nous fûmes obligés d'aborder à l'île de Pulo-Ubi pour y prendre de l'eau. Ce fut dans ce seul endroit que je vis de fort près les rebelles de Cochinchine. Pendant que mes gens étaient à terre avec la chaloupe, arriva subitement une armée de soixante-dix à quatre-vingts voiles, qui venait aussi faire de l'eau au même lieu. La Providence permit que les rebelles ne nous aperçussent pas d'abord ; mais à peine eûmes-nous levé l'ancre et mis à la voile, que nous les vîmes à notre poursuite, et ils nous auraient infailliblement pris, si le bon Dieu ne nous eût aidés d'un fort vent, qui en peu de temps nous poussa en pleine mer. Ils nous poursuivirent pendant près de trois quarts d'heure ; mais, voyant leurs efforts inutiles et le soleil allant se coucher, ils revinrent à Pulo-Ubi.

» Quant à nous, nous retournâmes à l'île de Pulo-Punjam. Nous tînmes alors conseil sur le parti que nous avions à prendre. La mousson était passée ; il n'y avait plus aucune espérance de pouvoir arriver à Malacca ; retourner à Chantabun, c'était donner des soupçons au roi de Siam et nous exposer à perdre notre bateau, que les mandarins avaient tant d'envie d'emprunter pour le service de leur armée ; passer à Macao avec tant de monde, quel embarras pour le procureur ! et puis comment nous tirer des mains des Chinois ? Aller à la Haute-Cochinchine, qui est sous la domination des Tongkinois, ennemis des Cochinchinois, c'était une entreprise impraticable avec un bateau de Cochinchine. Après avoir tout bien pesé, nous résolûmes de nous arrêter pendant huit mois, jusqu'au retour de la mousson, dans les îles les plus éloignées de la terre ferme. L'embarras était d'y trouver de quoi subsister : la Providence, que nous ne cessions d'admirer, ne tarda pas à nous le procurer. Nous rencontrâmes, contre toute espérance, un bateau de gens connus, et, par leur entremise, nous tirâmes, de l'endroit où nous avions administré quatre cents chrétiens l'année précédente, tout ce dont nous pouvions avoir besoin.

» Pleins de confiance, nous nous retirâmes à Pulo-Way, et, après y avoir fait des cabanes, nous mîmes notre bateau à sec pour le radouber. Ce fut là que, délivrés de tous autres soins, nous pensâmes à procurer à notre mission, par nos écrits, ce que le malheur des temps nous empêchait de faire par nous-mêmes. Nous restâmes dans cette île déserte, située à plus de soixante lieues de la terre ferme, depuis le commencement de mars 1784 jusqu'au commencement de décembre de la même année. Notre solitude, qui dura près de neuf mois, fut aussi parfaite qu'on puisse le désirer, puisque, pendant ce temps, nous n'eûmes absolument pour compagnie que quelques pigeons ramiers et quelques autres oiseaux inconnus. Cette île a environ une lieue de long sur une demi-lieue de large, et l'on peut, à tous égards, la regarder comme un lieu enchanté. Si je ne me croyais destiné à d'autres travaux pour l'expiation de mes péchés, je serais trop heureux d'y passer le reste d'une vie, qui, après tant de traverses, aura vraisemblablement un triste dénouement.

» Ayant radoubé notre petit bâtiment, nous quittâmes notre chère solitude avec les plus grands regrets. Nous fîmes voile vers Pulo-Punjam, pour, de là, traverser le golfe de Siam. Nous y vîmes une seconde fois le roi de Cochinchine, qui me raconta comment il avait été emmené à Siam et s'étendit particulièrement sur la duplicité des Siamois, qui, sous le prétexte de le rétablir dans ses états, n'avaient cherché qu'à se servir de son nom pour piller son peuple. Ce fut alors qu'il me confia son fils, âgé de six ans, que j'ai amené ici.

» ...... Je traversai le golfe de Siam, et j'arrivai à Malacca le 19 décembre. Je continuai ma route en passant à Quéda et à Nicobar, et je débarquai à Pondichéry vers la fin de février 1785.

» ..... J'ai besoin de votre secours pour faire l'éducation du jeune prince dont je me suis chargé; je voudrais, de quelque manière que les choses vinssent à tourner, le faire élever dans la religion chrétienne et le dédommager de la couronne temporelle qu'il vient de perdre par l'espérance d'une autre beaucoup plus précieuse et durable. Il n'y a que vous qui puissiez me rendre ce service et veiller surtout à préserver cet enfant de la contagion qui aujourd'hui est presque universelle. Si, dans la suite, son père vient à passer chez les Anglais ou chez les Hollandais, ceux-ci ne manqueront pas de le rétablir sur le trône, et vous comprenez combien il sera utile alors d'avoir fait au moins ce qu'on aura pu pour ce jeune prince. Il n'a que six ans, et déjà il sait ses prières; il est rempli d'esprit et il a une grande ardeur pour tout ce qui touche la religion. Ce qui paraît inconcevable à beaucoup de personnes, c'est qu'il se soit attaché à moi, sans regretter son père, sa mère, sa grand'mère, ses nourrices et plus de cinq cents hommes qui fondaient tous en larmes quand il les quitta..... »

Comme on le voit en lisant cette lettre, Mgr Pigneaux se trouva exposé à mille dangers, à mille contradictions pendant plusieurs années de sa vie apostolique. Malgré cela, son zèle pour la gloire de Dieu et le salut des âmes ne ne se refroidit pas un instant. Par la distinction de son esprit et la générosité de son cœur, il sut aussi toujours inspirer une grande estime et un vif attachement à ceux avec lesquels il fut en rapport.

L'évêque d'Adran, après avoir beaucoup souffert à l'époque des revers de Nguyen-Anh, jouit enfin de quelque repos quand ce prince eût triomphé des rebelles. Depuis son retour en Cochinchine, il résida le plus souvent auprès de la cour. Il n'allait qu'une ou deux fois l'an au palais du roi, mais celui-ci venait fréquemment le visiter et le consulter. La confiance et l'estime que ce prince témoignait à un étranger, à un ministre de la religion chrétienne, excitèrent bientôt la jalousie des courtisans et de plusieurs des principaux mandarins. Le plus funeste effet de cette jalousie fut de déterminer le roi à retirer au saint évêque le soin de l'éducation de son fils, de crainte que celui-ci ne persévérât dans le désir qu'il manifestait d'être chrétien et ne demandât le baptême. Le jeune prince cessa donc de demeurer avec l'évêque d'Adran, mais il lui rendit de fréquentes visites ; il se fit aider de ses conseils et même accompagner par lui dans ses premières expéditions militaires.

Mgr Pigneaux s'occupa aussi avec grand soin de l'administration des chrétiens, soit par lui-même, soit par le ministère de son coadjuteur et des autres missionnaires et prêtres indigènes. Le crédit dont ce prélat jouissait auprès du roi attira à la religion chrétienne ainsi qu'à ses ministres le respect d'un grand nombre d'idolâtres, et le mit souvent à même de soustraire les fidèles aux vexations des ennemis de la foi.

Ce grand évêque mourut le 9 octobre 1799. Nguyen-Anh témoigna le plus grand regret et la douleur la plus sincère en apprenant cette triste nouvelle. Il conservait encore le souvenir des services signalés que ce prélat lui avait rendus aux jours de son infortune, d'abord en lui donnant asile dans sa maison lorsqu'il était exposé à tomber sous le poignard des Tay-Son, plus tard en lui fournissant des vivres et de l'argent quand il mourait de faim dans les îles du golfe de Siam, enfin en négociant avec la France un traité qui, malgré son exécution incomplète, lui procura des ressources suffisantes pour vaincre ses ennemis et conquérir tout le royaume annamite.

Les funérailles de l'évêque d'Adran furent magnifiques. Une grande croix était à la tête du convoi; venait ensuite une nombreuse jeunesse chrétienne, des couronnes sur la tête et des cierges à la main, avec les catéchistes les plus respectables de chaque église. Toute la garde du roi, composée de plus de douze mille hommes, et celle du prince, son fils, étaient sous les armes, rangées sur deux lignes. Les canons ouvraient le cortége; cent vingt éléphants marchaient de chaque côté du cercueil, suivis d'au moins quarante mille hommes, tant chrétiens que païens. Le roi assista au convoi avec tous les mandarins des différents corps, et, chose inouïe dans ce pays, sa mère elle-même, sa sœur, la reine, ses enfants et toutes les dames de la cour suivirent aussi le convoi jusqu'au lieu où furent déposés les restes mortels de l'illustre évêque.

Voulant perpétuer de siècle en siècle la mémoire de Mgr Pigneaux et en témoignage de sa reconnaissance, Nguyen-Anh fit élever au digne prélat, dans un jardin que celui-ci cultivait de ses propres mains, près de Saigon, le beau mausolée qu'on y voit encore aujourd'hui. Ce prince donna une dernière preuve de son estime singulière pour l'évêque d'Adran, en adressant à sa famille une lettre de condoléance qui se termine ainsi : « Afin de

» manifester à tout le monde les grands méri-
» tes de cet illustre étranger et répandre au
» dehors la bonne odeur de ses vertus, qu'il
» cacha toujours, je lui délivre ce brevet d'ins-
» tituteur du prince héritier, avec la première
» dignité après la royauté et le surnom d'*Ac-*
» *compli*. O belle âme du Maître, recevez cette
» faveur ! »

VIIIe. *Évêque vic. ap.* Jean Labartette, évêque de Véren. Ce prélat eut successivement deux coadjuteurs : Mgr Jean-André Doussain et Mgr Jean-Joseph Audemar. L'un et l'autre furent sacrés sous le titre d'évêque d'Adran. Ils moururent avant l'évêque de Véren, qui vécut jusqu'en 1823.

IXe. Jean-Baptiste Taberd, évêque d'Isauropolis. Ce prélat fut chassé de la Cochinchine par la persécution. Il mourut à Calcutta en 1840.

X^e. Mgr Étienne-Théodore Cuënot, évêque de Métellopolis. Pendant son administration et sur sa demande, le vicariat apostolique fut divisé en deux parties ; Mgr Dominique Lefebvre, évêque d'Isauropolis, eut la partie occidentale.

En 1850, la partie conservée par Mgr Cuënot fut encore également divisée. Mgr François-Marie Pellerin, évêque de Biblos, eut la portion septentrionale, appelée souvent Haute-Cochinchine et dans laquelle se trouve Huê, capitale du royaume annamite; Mgr de Métellopolis garda la Cochinchine Moyenne ou Orientale. Le vicariat de Mgr Lefebvre fut aussi subdivisé à la même époque. Ce prélat conserva la partie annamite, et son coadjuteur, Mgr Jean-Claude Miche, évêque de Darsara, devint vicaire apostolique du Camboge et du Laos.

CHAPITRE IV.

Situation, limites du royaume d'Annam. — Divisions administratives. — Population. — Gouvernement. — Aspect général de la Basse-Cochinchine. — Climat. — Production des trois règnes. — Commerce. — Instruction, langue. — Caractère des habitants des Indes-Orientales. —Portrait des Annamites. — Le bouddhisme. — Confucius. — Un enterrement dans le pays d'Annam. — Maladies. Médecins. — Sorciers. — Maisons cochinchinoises. — Manière de vivre des Annamites. — Leur caractère, leurs mœurs et coutumes. — Grande vénération pour la vieillesse, les parents et les maîtres. — Culte rendu aux morts. — Réflexions.

Le royaume annamite, compris entre 8° et 23° latitude nord, s'étend irrégulièrement, comme un long serpent, du 102° au au 107° longitude est. Le développement de ce vaste territoire est tout en longueur; la largeur n'est un peu considérable qu'au nord, dans le Tongking, et au midi, dans la Basse-Cochinchine; toutes les autres provinces s'étendent le long de la côte, sur une profondeur, dans l'intérieur des terres, de vingt ou vingt-cinq lieues au plus et souvent même moins. Le royaume annamite est borné, au nord, par la Chine, à l'est et au midi par la mer de Chine, à l'ouest par le golfe de Siam, le Camboge, le Laos et les montagnes habitées par les sauvages, dont les peuplades les plus rapprochées des frontières sont tributaires de la Cochinchine.

La terre d'Annam est divisée en deux parties principales, la Cochinchine au midi et le Tongking au nord. Ce dernier pays est subdivisé en onze provinces : 1° Xu-Nam (province du midi) ; 2° Xu-Dong (province de l'est); 3° Xu-Bac (province du nord); 4° Xu-Doai (province de l'ouest); 5° Yen-Quang-Xu ou Xu-Yen-Quang; 6° Lang-Bac-Xu ou Xu-Lang ; 7° Thai-Nguyên-Xu ou Xu-Thai; 8° Tuyen-Quang-Xu ou Xu-Tuyen; 9° Hung-Hoa-Xu ou Xu-Hung; 10° Thanh-Hoa-Xu ou Xu-Thanh; 11° Nghean-Xu ou Xu-Nghé. La ville royale, nommée Kecho (Marché) dans le langage familier, mais dont le nom véritable est Thang-Long-Thanh (la ville du Dragon), n'appartient à aucune de ces provinces.

La Cochinchine est ordinairement divisée en Haute, Moyenne et Basse. La Haute se compose des provinces de Quang-Binh, Quang-Tri et Quang-Duc ou Huê, où est située la capitale du royaume annamite. La Moyenne-Cochinchine est divisée en six provinces : celle de Cham ou Quang-Nam, où se trouve la magnifique baie de Touranne ; celles de Quang-Ngai, de Binh-Dinh ou Quinhon, de Phuyen, de Nha-Trang et de Binh-Thuan. Cette dernière province, reste de l'ancien Ciampa, sert encore d'asile à un grand nombre de Cham, qui reconnaissent la souveraineté du roi d'Annam. La Basse-Cochinchine se divise également en six provinces, qui sont celles de Bien-Hoa ou Dongnai, de Saigon ou Giadinh, de Mitho ou Dinhtuong, de Longho ou Vinhtanh, de Chaudoc et celle de Hatien, appelée Cancao par les Chinois.

Les provinces du royaume annamite sont divisées en plusieurs *phu ;* les phu sont eux-mêmes subdivisés en *huyen*, les huyen en *tong*, et les tong en *xa*, qui représentent nos communes. Les xa ont des conseils muni cipaux dont les pouvoirs sont assez étendus. Les conseillers sont de petits pachas que l'on redoute beaucoup et qui, au besoin, savent fort bien faire voler le rotin sur le dos de leurs subordonnés.

Les chefs de villages et les mandarins dans les préfectures et sous-préfectures sont les seuls hommes considérés. Dans ces pays orientaux, il n'y a pas de noblesse héréditaire; le fils d'un grand mandarin ne sera souvent qu'un pauvre hère, tandis qu'un homme de la lie du peuple, par sa science ou ses intrigues, s'élèvera aux premières dignités.

Il n'y a pas non plus, sur la terre d'Annam, d'esclaves devenus la chose du maître, à l'exception des Moi, sauvages achetés dans les montagnes. Le Cochinchinois endetté va servir son créancier ou bien envoie chez celui-ci ses enfants comme domestiques; la dette diminue peu à peu, en raison des services rendus et finit par s'éteindre. La supériorité des Annamites sur les Cambogiens doit être attribuée, je crois, surtout à ce système de liberté individuelle qui n'existe pas au Camboge, où le joug de l'esclavage pèse sur une grande partie de la population.

On peut porter à vingt-cinq millions, comme je l'ai déjà dit, le nombre des habitants du royaume d'Annam, sans pourtant rien assurer à cet égard, parce que le roi ne fait jamais faire de recensement complet. La partie la plus peuplée est le Tongking. La Haute-Cochinchine et les provinces septentrionales de la Moyenne sont aussi assez peuplées, mais celles du midi le sont moins. La population de la Basse-Cochinchine augmente tous les jours; cette contrée si fertile deviendra sans doute un jour la partie la plus belle du royaume.

Le gouvernement se trouve, depuis un demi-siècle, entre les mains de la famille Nguyen-Phuoc, ainsi que nous l'avons vu. La forme de ce gouvernement est le despotisme. Le souverain, avant de mourir, transmet sa puissance à l'aîné de ses enfants; cependant il arrive parfois que, de concert avec les grands mandarins, il prive celui-ci de son droit d'aînesse et se choisit un des frères pour successeur. Le chef de l'État n'est souvent maître absolu que de nom : il se laisse assez facilement diriger et dominer par quelque grand mandarin. Depuis le règne de Minh-Mang, un certain Quê, homme de beaucoup d'intelligence, il paraît, gouverne, dit-on, presque sans contrôle, le pays d'Annam. Sa famille est alliée à celle des Nguyen; il a marié l'une de ses filles au roi actuel. A la tête de chaque province se trouvent plusieurs mandarins civils et militaires. Quelquefois, surtout aux temps de crises, des grands dignitaires du royaume, sur la fidélité desquels on peut compter, sont envoyés dans certaines provinces pour les administrer en qualité de vice-rois.

J'ai dit que le royaume annamite était borné, à l'ouest, en partie par des montagnes. Ces montagnes s'étendent depuis la hauteur du cap Saint-Jacques, dans la Basse-Cochinchine, jusqu'au Yun-Nan, province méridionale de la Chine, et projettent souvent vers l'est des rameaux ou contre-forts dont le pied, en certaines provinces, est baigné par la mer de Chine. Au nord, dans le Tongking, il y a plusieurs cours d'eau assez considérables ; le principal est le Song-Ca (grand fleuve), sur les bords duquel est situé Kecho, plus exactement Thang-Long-Thanh. La Haute et la Moyenne-Cochinchine n'ont que de petits cours d'eau. En Basse-Cochinchine, on trouve au nord-est le fleuve qui a son embouchure près du cap Saint-Jacques, dans le hâvre de Saigon. Ce fleuve n'est pas très-grand, mais son lit est profond, et les navires européens peuvent le remonter jusqu'au chef-lieu de la province de Giadinh, à une trentaine de lieues de la mer. Les vaisseaux qui entrent dans le hâvre doivent serrer de près le cap Saint-Jacques et s'approcher le plus possible de la côte, vers l'est, car, s'ils allaient trop à l'ouest, ils rencontreraient des bancs de sable. Ce hâvre et la baie de Touranne sont les deux plus beaux ancrages du royaume annamite. Il y a, non loin du cap Saint-Jacques, l'île de Pulo-Condor, qui offre une relâche facile pour les navires. L'île de Pulo-Ubi, située près de la pointe méridionale, offre aussi des ressources pour faire de l'eau et des provisions.

Vis-à-vis de Pulo-Condor, le grand fleuve connu par les Européens sous le nom de

Mêkhong, que les Annamites et les Cambogiens appellent simplement *Grand-Fleuve,* et les Laociens, Menam-Khong (mère des eaux ou fleuve de Khong, fleuve de la province de Khong), se jette dans la mer par sept vastes embouchures, comme il est dit plus haut. Les bras de ce fleuve en Basse-Cochinchine ressemblent à des bras de mer. C'est un des cours d'eau les plus considérables de l'Asie, mais il est regrettable qu'il ne soit pas très-profond. Il se trouve à ses embouchures, dans certains endroits, une barre de sables mouvants que les grandes barques ne franchissent pas sans danger. Les embouchures les moins difficiles et dans lesquelles entrent les jonques chinoises sont celles de Mitho et de Bassac.

La Basse-Cochinchine est une plaine immense, entrecoupée par un grand nombre de rivières et de canaux qui rendent très-faciles les relations commerciales.

Il n'y a que quelques petites montagnes du côté de la Moyenne-Cochinchine et du Camboge. A part les inconvénients du climat, la Basse-Cochinchine est vraiment un magnifique pays : les Européens en feraient un nouveau Java si elle était entre leurs mains.

Dans cette province, on ne voyage qu'en barque. C'est le véhicule exigé et nécessaire pour circuler même dans un simple village, dont les rues ou les chemins ne sont autres que de petits canaux, vides à marée basse et remplis à marée haute; les marchands et les voyageurs montent et descendent avec la marée ; ce qui est extrêmement facile et agréable. Pour naviguer, les Annamites se servent de la rame ou de la voile, suivant l'occurrence. Ils rament debout, tournés vers la proue, en s'appuyant et poussant, mais non en tirant à eux, comme les Européens. Les voiles sont faites avec des feuilles blanches tressées. De loin, quand ces voiles s'arrondissent au vent, elles produisent un assez joli effet.

Le climat de la Basse-Cochinchine est très-chaud et très-humide ; il est, par conséquent, fort nuisible à la santé : aussi les fièvres et la dyssenterie sont, dans ce pays, en tout temps à l'ordre du jour. Je fus longtemps sans pouvoir m'acclimater en Basse-Cochinchine.

Les animaux, surtout ceux de l'espèce malfaisante, se trouvent en très-grand nombre sur la terre d'Annam. Dans cette dernière catégorie il faut d'abord ranger une innombrable quantité de serpents, depuis le petit serpent vert qui grimpe en sifflant sur les arbres et dont la morsure est très-venimeuse, jusqu'à l'énorme boa qui avale un cerf entier ; il y en a partout, dans les maisons où ils viennent manger les poules et les canards, sur les toits où ils courent après les rats. Ces derniers serpents ne sont pas venimeux, il est vrai, mais cependant il est fort peu agréable de voir un reptile se glisser au-dessus de votre tête, sur les poutres qui soutiennent le toit, et s'élancer comme une flèche à la poursuite d'une souris ou d'un lézard.

Les lézards sont aussi très-nombreux. Il y a de petits lézards très-jolis qui mangent les moustiques; il y en a de gros comme une belette et qui crient toute la nuit à vous empêcher de dormir : on les appelle kakkê ou gekko ; il y en a d'énormes, ce sont les crocodiles; quelques-uns atteignent la longueur de dix à quinze pieds.

Rien n'est plus sinistre, lorsque vous naviguez sur un fleuve, que de voir tout-à-coup jaillir du fond de l'eau deux lentilles rondes, grosses comme le poing, qui se fixent sur vous sans que vous aperceviez le corps de l'animal; c'est le crocodile qui vous examine. Il n'est pas partout également féroce; cependant son voisinage inspire toujours quelques appréhensions. Quand, traversant les déserts de l'Indo-Chine pendant l'inondation, on entend les mugissements répétés des crocodiles qui s'appellent durant la nuit, au fond des forêts, cette musique est médiocrement agréable aux oreilles, surtout lorsque vient s'y mêler le cri aigu et trompeur du tigre ou le sombre rugissement de ce féroce animal au moment où il va attaquer sa proie.

Les tigres sont en grand nombre en Cochinchine et ils y causent souvent d'affreux malheurs. On m'a dit, et, comme je paraissais incrédule, on m'a assuré que certains Annamites étaient assez hardis pour attaquer le tigre royal avec un simple bâton. Ils examinent le mouvement de la queue de la bête féroce, l'évitent lorsqu'elle se précipite sur eux et puis lui assènent un coup sur l'échine. Le combat dure souvent fort longtemps; mais enfin l'homme triomphe s'il est adroit et s'il a tout son sangfroid. Ordinairement, les Cochinchinois, n'ayant pas d'armes à feu, environnent le tigre d'une haute palissade lorsqu'ils connaissent son repaire; ensuite, après avoir coupé la plus grande partie de l'herbe et des broussailles qui l'abritent, ils marchent en rang serré sur le dernier fourré qui lui sert de refuge et percent de leurs lances le terrible animal. Les petits tigres, les chats-tigres, viennent la nuit manger les poules dans le lieu même où elles juchent. Combien de fois, au milieu de la nuit, n'ai-je pas entendu dans mon poulailler le vacarme occasionné par ces larrons! Pendant mon séjour au Camboge, j'ai tué plusieurs chats-tigres; leurs peaux me faisaient de jolis tapis. Ces animaux avaient, pour la plupart, une taille double de celle d'un chat ordinaire.

En Cochinchine, on rencontre aussi des rhinocéros. La corne du mâle est très-estimée des médecins chinois : on la vend fort cher. Le rudiment de corne qu'a le petit rhinocéros trouvé dans le ventre de sa mère est regardé comme un puissant talisman. Un Cambogien voulait un jour me vendre une petite corne de ce genre, avec laquelle, disait-il, je me rendrais invulnérable. Prenant aussitôt mon fusil, je lui dis que je désirais expérimenter le talisman sur sa personne; mais, comme je m'y attendais, le bonhomme ne voulut pas y consentir.

On voit également dans ce pays des éléphants privés et sauvages. Les éléphants réduits en domesticité multiplient quelquefois, quoique certains auteurs disent le contraire. Le soin que le père et la mère ont de leur progéniture est très-touchant : ils font marcher leur petit entre eux, et, quand il s'avance un peu trop, un coup de trompe le rappelle à sa place. La plupart des éléphants ont été primitivement sauvages; on les prend dans les forêts, avec le lacet, lorsqu'ils sont encore jeunes. Dans les montagnes de l'ancien royaume de Ciampa il y a beaucoup d'éléphants à ivoire, tandis qu'au Camboge ils sont assez rares ; les mâles mêmes n'ont généralement pas d'ivoire ou n'en ont qu'un petit rudiment.

Les buffles sauvages et privés sont nombreux en Cochinchine. Les buffles sauvages mâles, ayant atteint une forte taille, vivent isolés et sont les plus redoutables animaux des forêts : malheur à celui qui les rencontre à l'improviste! Il y a aussi un autre animal appelé con-jin par les Annamites, et tenant du buffle et du bœuf; il est très-féroce, mais fort heureusement assez rare (*a*). En voyageant dans les forêts, on rencontre souvent des troupes de bœufs, des cerfs, des chevreuils, des sangliers, etc. Je renonce à citer le nom de tous les animaux sauvages qui habitent l'Indo-Chine : ils sont innombrables.

Sur le fleuve ou dans les rizières on chasse la

(*a*) C'est probablement de cet animal que parle M. de Montigny, écrivant de Bang-Kok à M. Isidore Geoffroy-Saint-Hilaire, lorsqu'il dit qu'on chasse pour lui dans les forêts du Laos.

cigogne, le héron, l'ibis, la grande grue, le canard, le pélican, le plongeon, et la plupart du temps le chasseur revient chargé de gibier. L'un des oiseaux pêcheurs les plus stupides que j'aie rencontré est le marabou, dont les plumes de l'extrémité de la queue sont si estimées par nos grandes dames d'Europe. Les forêts de la Cochinchine sont peuplées de paons et de poules sauvages. J'ai entendu quelquefois voler avec bruit, au-dessus de ma cabane, le grand oiseau que les Européens appellent, je crois, calao; il allait s'abattre sur la cîme des hauts cocotiers plantés tout près de là. Les Cochinchinois disent que les calaos forment des unions indissolubles : le couple ne se sépare qu'à la mort, et, quand l'un des deux vient à mourir, l'autre ne lui survit que de quelques jours.

La chaleur et l'humidité, si favorables au développement des végétaux, se trouvent réunies dans les conditions les plus heureuses, surtout en Basse-Cochinchine. Pendant la saison pluvieuse, qui commence aux derniers jours d'avril et finit aux premiers jours de décembre, l'eau du ciel suffit pour féconder la terre. Pendant la saison sèche, qui dure le reste de l'année, les végétaux ne souffrent pas beaucoup, parce que la terre, trempée profondément par des mois entiers de pluies torrentielles, est encore rafraîchie par la multitude de cours d'eau qui sillonnent de toutes parts les provinces méridionales du royaume annamite. Les agriculteurs déversent, au besoin, l'eau des canaux et des fleuves dans leurs plantations et leurs rizières.

Parmi les plantes les plus utiles de la Cochinchine, on remarque le riz, le maïs, la canne à sucre, l'indigo, le tabac, le cinnamome, le cardamome, qui vient du Camboge ainsi que la plus grande partie du coton. On y a cultivé autrefois le caféier, mais on a abandonné cette culture depuis que les Européens ont été chassés du pays. J'en ai fait planter quelques pieds par le maître de la maison que j'habitai dans le village de Cainhum. Les arbres fruitiers sont le cocotier, l'aréquier, le manguier, le mangoustan, l'oranger, l'attier, le pamplemousse. Il y a beaucoup de grenadiers, d'ananas, de goyaviers, de papayers, de bananiers et des patates de différentes espèces. Le mûrier du pays est un arbrisseau de quatre ou cinq pieds de haut. Dans grand nombre de provinces, on s'occupe beaucoup de l'élève des vers à soie, et, dans certains cantons, on cultive le poivre. On a introduit, il y a quelques années, le muscadier et le giroflier. La Cochinchine fournit l'aquila et le calambac, du bois de teinture, de l'ébène, du tek, et, en général, les plus beaux bois de construction navale.

La Basse-Cochinchine, dont le sol est en grande partie formé par les attérissements séculaires du grand fleuve, possède très-peu de minéraux. La Moyenne et la Haute-Cochinchine renferment quelques belles mines que l'on exploite depuis longtemps. On recueille de l'or, m'a-t-on dit, dans la province de Quang-Ngai. Celle de Quang-Nam est riche en carrières de marbre ; il en existe une près de la baie de Touranne. Les montagnes qui se trouvent à l'ouest du Tongking méridional sont abondantes en métaux : c'est de là, il paraît, que viennent ces tam-tam si renommés, dont la fabrication est encore un secret pour les Européens.

Dans le royaume annamite, presque tout le commerce extérieur est fait par des jonques chinoises. Les Chinois apportent des étoffes, des ustensiles en fer, de la porcelaine grossière, des fruits confits, du thé, et ils reçoivent en échange du riz, des haricots, de l'huile de pistache, du poisson, de la viande séchée ou fumée, des cornes et des peaux de buffles, de cerfs et de bœufs, de l'ivoire, de la laque, des cornes de rhinocéros, de l'écaille, du rotin, de la cire, de la gomme-gutte, de la cannelle, de l'indigo, de la soie. Les habitants du Céleste-Empire savent fort bien faire un rapide bénéfice avec les Annamites. Il est vrai qu'ils ne sont pas retenus par des scrupules de bonne foi et de probité. Ils vendent à faux poids et à fausse mesure ; ils achètent avec des poids légers, et, pour vendre, ils en ont de plus forts.

La livre annamite est d'au moins un cinquième plus pesante que la livre française.

La mesure de capacité, qu'on appelle gia, n'est pas uniforme partout. Dans le pays que j'ai habité, le gia est un peu plus grand que notre ancien boisseau. La mesure de longueur se nomme thuoc; c'est la coudée, à laquelle on ajoute un doigt ou deux pour bonne mesure. Au reste, il faut avoir l'œil vigilant lorsqu'on commerce avec les habitants de l'Asie orientale, surtout avec les Chinois, auxquels on donne avec raison le surnom de juifs de l'Orient. La mesure itinéraire se nomme jam; elle équivaut à peu près à la cinquième partie d'une lieue commune.

En Cochinchine, la plus basse monnaie est la dông ou sapèque de zinc, un peu plus grosse qu'un double centime et percée au milieu d'un trou carré. Il y a aussi des sapèques de cuivre, mais en petite quantité. Cette monnaie de zinc, à cause de son poids, est pire que la monnaie de fer des Spartiates : lorsqu'on change une piastre, il faut un homme pour en porter le produit. La plupart des Annamites ont leur fortune en sapèques; enfilées au nombre de six cents dans deux brins de paille ou de rotin, elles constituent une quân ou ligature ; les riches les entassent sous leurs lits ou dans d'autres endroits secrets. Outre l'inconvénient de sa pesanteur, cette monnaie en a un très-grave, c'est de s'altérer à l'humidité. Quand l'avare fait la revue de son trésor, il le trouve quelquefois singulièrement diminué : il faut alors qu'il se hâte d'exposer les ligatures au soleil. La monnaie d'argent cochinchinoise est ordinairement en lingots quadrangulaires. Le plus grand lingot, qu'on appelle nen, vaut environ quatre-vingt-deux francs ; il y a un petit lingot assez élégant et couvert de caractères, qui vaut la dixième partie de la nen. On voit rarement de la monnaie d'or. En général, dans l'Indo-Chine, l'or est employé en bijouterie pour la parure des femmes et des enfants ou pour la fabrication des boîtes à tabac et à bétel. Le roi Minh-Mang a voulu, il y a une vingtaine d'années, faire fabriquer des piastres ; mais elles sont de mauvais aloi.

Les Annamites divisent le jour et la nuit en douze heures égales, dont, par conséquent, chacune équivaut à deux des nôtres. Ils partagent la nuit en cinq veilles. La crainte des voleurs et des pirates fait monter la garde dans beaucoup de villages. Pendant la nuit, à la fin de chaque veille, vous êtes assourdis par le bruit des tam-tam ou des gros bambous creux et fendus, sur lesquels les gardiens frappent à tour de bras pour effrayer les forbans.

L'année cochinchinoise est divisée en douze mois lunaires ; mais, tous les deux ou trois ans, on ajoute un treizième mois afin que l'année lunaire puisse répondre à l'année solaire, en sorte que, dans l'espace de dix-neuf ans, il y a sept mois intercalaires. Les Annamites groupent leurs années en cycles de douze ans, qui, répétés cinq fois, forment le grand cycle de soixante ans : l'année 1863 sera la fin d'un grand cycle. Néanmoins, dans la narration des faits, on suppute en général les années sous le nom du roi régnant. Ainsi l'on dit : en *telle* année de *tel* roi, *tel* fait s'est accompli.

Le système de numération annamite est le système décimal. Les Cochinchinois ont, pour compter, une table garnie de petites boules à peu près comme celles dont on se sert pour marquer les points au jeu de billard. Avec cette machine, les indigènes comptent très-rapidement.

Dans le pays d'Annam, il y a deux langues : la langue chinoise, qui est celle des savants, des lettrés, et la langue vulgaire, dérivée du chinois, dont elle n'est à proprement parler qu'un dialecte. Le chinois est en usage dans les actes publics et les livres de sciences.

En Cochinchine, comme en Chine, les sciences se bornent à fort peu de chose : être savant, c'est pouvoir lire beaucoup de caractères. Dans ces langues monosyllabiques et hiéroglyphiques, chaque caractère représentant un mot particulier, il faut bien du temps pour connaître un assez grand nombre de ces hiéroglyphes. Un savant déjà distingué du pays d'Annam n'a guère plus de science qu'un enfant d'Europe, de dix ou douze ans. « Ce frère » aîné sait les caractères, » disent les Annamites, et tous de s'incliner aussitôt devant lui comme devant un oracle. Les études littéraires se bornent, en effet, à connaître et à lire les hiéroglyphes qui servent de lettres dans ces langues primitives.

La langue vulgaire est à peu près la même dans tout le royaume, cependant il y a quelques différences de langage dans les provinces septentrionales de la Cochinchine et surtout au Tongking. La plus grande difficulté de l'annamite consiste à donner le ton qui varie le sens des mots et le change tout-à-fait, selon qu'on élève la voix ou qu'on l'abaisse, et que l'on fait un accent grave ou interrogatif. Le ton est donc ce qu'il y a de plus difficile à saisir pour les Français, qui parlent une langue *recto tono*. Si ce n'était ses tons et ses aspirations nasales, la langue annamite serait assez facile. La syntaxe en est la plupart du temps très-simple : on parle toujours à l'infinitif, et, si l'on veut parler au passé ou au futur, on ajoute un petit mot qui l'indique ou l'on ne s'en sert même pas, car la tournure de la phrase, ce qui précède et ce qui suit fait connaître suffisamment si l'on entend parler au présent, au passé ou au futur. L'infinitif précédé du mot *chose* (*su*) forme un grand nombre de substantifs. Ainsi, *su ghet* (chose haïr) veut dire *haine.* La langue de la Cochinchine est polie, humble et même servile, comme la plupart des langues de l'Orient ; cependant l'annamite est moins servile que le cambogien. Au reste, le caractère de ces peuples se peint parfaitement dans leur langue.

Les habitants des Indes-Orientales sont humbles, soumis lâchement à leurs maîtres ; ils rampent devant eux lorsque ceux-ci dominent fièrement et ont entre les mains un pouvoir redoutable ; mais si la puissance du maître faiblit, si la fortune l'abandonne, adieu leur soumission si humble, leur zèle si empressé. Les Orientaux sont aussi orgueilleux et aussi féroces dans la prospérité et le triomphe, qu'ils sont lâches et bassement serviles quand la fortune leur est contraire. En Cochinchine, on ne doit pas se servir des mots *tu*, *toi*, *lui*, *elle*, à moins qu'on ne parle à quelqu'un qui soit d'un rang très-inférieur au sien ; il faut employer les noms de *frère, sœur, oncle, père, aïeul, bis-*

aïeul, suivant la dignité du personnage auquel on s'adresse.

Les Annamites ont tous les traits de la race mongole : leur nez est court et écrasé; ils ont les pommettes saillantes, la figure plate, les cheveux noirs; leur teint est plus ou moins foncé, selon que leur sang est plus ou moins mélangé avec celui des anciens aborigènes. En général, leur teint est d'un blanc sale, tirant sur le jaune; leur taille est courte; ils ont ordinairement l'aspect chétif, quoiqu'ils ne manquent pas absolument de vigueur. Une figure ronde et bien grasse, une rotondité passable, sont, en Cochinchine, les caractères de la beauté. Les Cochinchinois, hommes et femmes, portent tous leurs cheveux sans les couper jamais, excepté quand ils sont jeunes; dans l'enfance, on leur laisse seulement une petite houppe. Les indigènes sont très-fiers de leurs chevelures, et, en cela, ils ont tort, car elle est remplie de vermine. De temps en temps ils graissent et lissent leurs cheveux avec de l'huile de ricin.

L'habit annamite est très-décent : il se

compose d'un large pantalon fixé autour des reins par une ceinture en soie, ainsi que d'une espèce de petite blouse qui couvre le haut du corps et descend jusqu'aux genoux ; l'habit de cérémonie est plus long, plus large et d'étoffe d'un plus grand prix. La tête du Cochinchinois est environnée d'une pièce d'étoffe, de crêpe ordinairement, qui lui sert de turban. Les femmes ont à peu près le même costume que les hommes ; seulement elles doivent avoir les habits un peu plus longs, quoique le contraire arrive souvent. Elles n'ont jamais de turban et vont tête nue ; elles se servent de cordon au lieu de ceinture pour fixer leur pantalon ; la coquetterie, comme partout, n'est pas leur moindre défaut ; elles ont ordinairement des boucles d'oreilles, des bagues aux doigts, des épingles d'or dans leur chevelure. Leur démarche est en général fort cavalière.

La plupart du temps, les Annamites vont pieds nus ; il n'y a que les vieillards et les gentleman qui mettent parfois des sandales ou des espèces de babouches à semelle épaisse, dont quelques-unes sont fort élégantes. Les hommes arrivés à l'âge de trente ans, époque à laquelle on cesse d'être regardé comme un enfant, portent la barbe quand ils en ont. Leur barbe est ordinairement peu fournie; ils ont quelques poils à la lèvre supérieure et au bout du menton. Les Cochinchinois ont dans leur démarche un air fort dégagé : il faut les voir dans tous leurs atours, leur parapluie de papier huilé à la main et leur pipe ou leur cigarette à la bouche; ils semblent alors braver les quatre éléments.

Quoique la polygamie soit à l'ordre du jour chez les riches et les dignitaires, aussi bien en Cochinchine qu'au Camboge, les pauvres et les hommes dont la fortune est médiocre n'ont qu'une femme : il est vrai qu'ils la laissent quelquefois pour en prendre une autre. Les femmes ne peuvent changer de mari sans avoir un billet de répudiation de celui qu'elles quittent.

Excepté cinq cent mille chrétiens, toute la population du royaume d'Annam adore Phat ou Bouddha. Il y a bien aussi le culte mélangé de beaucoup de superstitions que l'on rend à Confucius; mais ce culte n'est guère pratiqué que par les lettrés. Les hommes si distingués qui évangélisèrent l'Asie orientale au XVIIe siècle avaient cru trouver dans la philosophie de Confucius des rapports assez nombreux avec les idées chrétiennes. Ils toléraient les hommages que les Chinois rendaient à leur grand maître. Pour exprimer le nom de Dieu, ils se servaient d'une expression employée par l'illustre Kon-fou-tzu et qu'on a reconnu depuis ne signifier que le ciel matériel; la vénération pour les ancêtres, si excessive, tant entachée de superstitions, n'avait point été interdite par eux. Vers le milieu du siècle dernier, Benoît XIV a condamné absolument toutes les cérémonies chinoises et cochinchinoises tolérées jusqu'alors par quelques missionnaires. Les premiers apôtres de l'Orient avaient été séduits par l'apparence grandiose du Céleste-Empire. Cette Chine, qui se meurt de corruption, leur avait paru tout d'abord quelque chose d'admirable. On est bien revenu depuis de cette admiration, et la doctrine de

Confucius, hormis quelques préceptes de morale et de politique plus ou moins obscurs, n'est aujourd'hui, aux yeux de tout le monde, qu'un système matérialiste.

Le bouddhisme des Annamites est fort modifié et très-mitigé. Les pagodes de Phat sont assez rares dans ce pays; les prêtres qui les habitent sont peu nombreux et en général fort méprisés. La conduite des Cambogiens envers les bonzes est tout l'opposite de celle des Cochinchinois : ceux-là, fort dévots, leur témoignent un grand respect, tandis que ceux-ci se moquent d'eux et ne leur font presque jamais l'aumône. Les Annamites ont beaucoup plus de confiance aux sorciers qu'aux bonzes; ils craignent plus le diable qu'ils ne respectent et n'honorent Bouddha.

Les bouddhistes rendent aux morts des honneurs différents, suivant les pays qu'ils habitent. Au Camboge et à Siam, on brûle les morts ; on place dans un vase ce qui reste du cadavre, puis on va le déposer près d'une pagode, sous la protection de la divinité. Les Chinois et les Annamites ne brûlent pas leurs parents défunts ; ils les enterrent, et leurs sépultures sont souvent fort bien entretenues et très-pittoresques.

Une grande cérémonie dans le pays d'Annam, c'est l'enterrement ; elle demande de longs préparatifs et occasionne des dépenses considérables. Le défunt a ordinairement son cercueil prêt depuis plusieurs années. De bons enfants, des disciples reconnaissants, ne peuvent faire à leur père, à leur maître, de cadeau plus agréable que celui d'un cercueil.

Lorsqu'un Annamite a passé de vie à trépas, on le revêt de tous ses plus beaux habits et l'on met auprès de lui, dans le cercueil, beaucoup de provisions pour l'autre monde. Pour avoir le temps de faire avec pompe les funérailles, les Cochinchinois les diffèrent pendant six mois et même quelquefois un an. Les parents et les amis viennent rendre leurs derniers devoirs au défunt ; personne ne manque à la cérémonie, de peur de perdre un bon repas. Quand le jour fixé pour l'enterrement est arrivé, la parenté du défunt, ses amis et tous les habitants du village s'assemblent pour porter le corps à la fosse : ils frappent alors toutes sortes de tam-tam, depuis l'immense chaudron jusqu'à la petite cymbale, la grosse caisse, etc. Le corps du défunt est porté par vingt ou trente personnes ; on fait différentes stations et différentes pauses, et, à chaque station, on offre un sacrifice au mort. Afin que cette cérémonie, qu'il goûte beaucoup, dure plus longtemps, le cortége s'avance fort gravement et fort lentement. On met sur le cercueil une écuelle pleine d'eau, qui sert au maître des cérémonies pour juger si les porteurs gardent l'équilibre et ne l'inclinent pas de côté ou d'autre.

Le deuil des pères et mères est de trois ans ; celui des autres parents est plus ou moins court, suivant le degré de parenté. Le blanc est la couleur du deuil ; les habits doivent être sans ourlet, et de la toile la plus simple et la plus grossière. Les personnes en deuil ne peuvent assister à aucun spectacle, ni se trouver à aucune assemblée, ni se marier : les lois le défendent et punissent le coupable. A différentes époques après les funérailles de de leurs ancêtres, les Annamites les honorent encore en leur portant à manger ; mais alors ces pauvres païens ne sont pas de bonne foi : ils se contentent, pour toute offrande, de présenter quelques chétifs morceaux avec un peu de riz et mangent eux-mêmes dévotement le cochon dont ils devaient régaler leurs parents défunts.

Dans le royaume d'Annam, la vie des hommes, en général, n'est pas très-longue : on rencontre peu de vieillards ; un homme de cinquante ans est déjà tout cassé par l'âge. Un climat généralement malsain, une mauvaise nourriture, une vie indolente, sont les causes de la faiblesse des Cochinchinois et de leur peu de longévité. Depuis quelques années, l'opium est venu encore abréger la vie moyenne dans ces régions de l'Asie orientale.

Les maladies les plus communes sont la dyssenterie et les fièvres de différentes espèces ; il y a des fièvres malignes qui enlèvent un homme en moins de vingt-quatre heures. On rencontre souvent des cas de scorbut, d'érésipèle, de rhumatisme, d'éléphantiasis.

Les maladies de la peau sont très-communes : les galeux sont innombrables, et l'on voit assez souvent des hommes couverts d'ulcères et même des lépreux. Les médicaments qu'emploient les Annamites leur sont vendus par les marchands chinois. Ces médicaments sont assez inoffensifs ; s'ils ne font pas de bien, ils ne font pas au moins la plupart du temps beaucoup de mal.

Il y a un grand nombre de médecins en Cochinchine. Dans chaque maison jouissant de quelque fortune on rencontre un artiste qui se dit *thay-thuôc* (maître en médecine). Les habitants de ce pays aiment à se droguer : on les voit, la moitié du temps, un petit pilon à la main, préparant des médicaments. Les rivaux redoutables des médecins sont les sorciers. On entend souvent ces derniers, une grande partie de la nuit, faire du vacarme auprès de leur malade : ils battent le tambour, font des contorsions, des sauts, des gambades, et chantent d'une manière effrayante, — aussi c'est un dur métier que celui de sorcier ; — mais, lorsqu'après tout ce tapage on voit ou plutôt on sent l'esprit, la science du devin transporte tout le monde d'admiration. Il est vrai que le malade meurt souvent un peu plus vite, mais qu'importe? « *Thây phap nây hay lam* » (Ce sorcier est vraiment très-fort), disent les Annamites.

Les habitants de la Basse-Cochinchine ont ordinairement leurs demeures situées sur le bord des canaux, des rivières ou des fleuves; ils ont là, tout près, une barque qui leur sert à communiquer avec leurs voisins et à faire leur petit commerce. Ces habitations sont environnées de bocages d'arbres fruitiers : les orangers, les manguiers et une forêt de bananiers les mettent à l'abri du soleil des tropiques; le tronc massif du cocotier s'élève dans les airs, à cinquante ou soixante pieds, auprès de la tige élégante de l'aréquier, qui balance à trente ou quarante pieds son panache de verdure. Les maisons cochinchinoises n'annoncent rien de somptueux : ce sont des espèces de halles soutenues par des colonnes. Sur ces colonnes, sur les montants de la porte et dans les endroits les plus apparents sont colées des bandes de papier rouge ou jaune, ornées d'un grand nombre de proverbes tirés des livres des philosophes chinois.

Ces maisons n'ont que le rez-de-chaussée et elles sont pour la plupart fort basses; on les couvre avec de la paille ou une espèce de jonc, qu'il faut remplacer souvent; on se sert rarement de tuiles, excepté dans quelques marchés. Les parois sont généralement faites avec des feuilles de roseaux; celles de la maison des riches sont en planches ou en torchis à la chaux; les murs en briques ne se voient que dans les pagodes. Il y a ordinairement quelque lucarne, fermée par un volet pendant la nuit et les mauvais temps. Du reste, on n'en a aucun besoin, car les parois sont plus ou moins à jour, et, à toute heure, si ce n'est pendant les nuits sombres, on voit clair dans son appartement, bien que les portes en soient fermées et qu'il n'y ait pas de fenêtre : aussi, quand il fait du vent, on a de la peine à y conserver une lampe allumée.

Les maisons cochinchinoises sont l'asile d'une multitude d'insectes engendrés par l'humidité, la chaleur et la malpropreté; la vermine y abonde; mais les indigènes ne s'en inquiètent guère. Avec leurs ongles, qui sont le plus souvent très-longs, surtout l'ongle du doigt auriculaire, ils saisissent habilement l'insecte qui les pique à la tête et l'écrasent impitoyablement..... sous la dent. Ils disent que le malheureux leur ayant sucé le sang, ils lui appliquent avec justice la peine du talion.

Les fourmis blanches causent de grands dégâts dans les habitations : en quelques heures, elles mangent un coffre entier d'effets. Il est certains cantons où les moustiques pullulent, surtout à l'époque de la saison des pluies. Pendant la nuit, les queues de cheval et les éventails ne suffisent plus ; il faut aller se cacher dans sa moustiquaire et la fermer hermétiquement ; c'est le seul moyen d'éviter les morsures de ces petits assassins. La moustiquaire est un rideau en gaze ou en toile de coton très-claire, dont on entoure le lit ou l'endroit où l'on couche et qui n'a d'ouverture que par devant. Il y a des villages où l'on met quelquefois les cochons eux-mêmes sous des moustiquaires, car les moustiques, s'acharnant sur eux, pourraient les faire périr en une seule nuit. Les moustiques sont une espèce de cousins noirs qui ont un aiguillon très-acéré : leur piqûre est assez douloureuse et cause ensuite de vives démangeaisons.

Beaucoup de maisons ont sur le devant une *veranda* où l'on vient s'installer pour boire le thé, fumer la pipe, et mâcher l'arec et le bétel. La cuisine se fait sur la terre nue, dans la maison. La batterie de cuisine consiste en une ou deux poêles à anses et en un pot de cuivre ou de terre pour cuire le riz. Il n'y a ni crémaillère, ni tournebroche, ni fourneau, ni cheminée. On se sert de trois pierres ou de trois morceaux de briques en guise de trépied. Tout mets qui sort des mains d'un marmiton cochinchinois sent ordinairement la fumée ou est saupoudré de cendres. L'habitude est de ne jamais écumer le pot afin de ne pas enlever ce qu'il y a de meilleur, et l'on ne cuit les mets qu'à demi, de peur de leur ôter leur vertu nutritive.

Dans le pays d'Annam, on ne connaît ni

pain, ni vin, ni lait, ni beurre : le riz cuit à l'eau forme la base de la nourriture, et le poisson frais ou desséché, fumé, salé dans la saumure, en est l'accompagnement ordinaire. On mange assez souvent de la viande de porc et quelquefois de celle de buffle, d'éléphant, de chien et de crocodile, dont les Cochinchinois sont très-friands. J'ai fait quelques bons repas avec du galéopithèque, grande chauve-souris des Indes. On prenait cet animal dans des piéges placés sur les arbres à fruits qu'il venait dépouiller pendant la nuit. Un plat de galéopithèque au cari n'est vraiment pas à dédaigner. Le cari est une sauce indienne extrêmement forte; je m'en servais souvent pour assaisonner mes aliments.

Les vers à soie frits dans la graisse et les œufs couvés sont des mets recherchés. Un jour, on me servit un œuf qui renfermait un petit poussin déjà bien formé ; je me levai pour le jeter. « Bisaïeul Long, s'écria aussitôt un de » mes élèves en se prosternant, je vous en sup- » plie, donnez-le moi ! » Il le prit effectivement, et, après mon dîner, il alla s'en régaler. C'est un mets très-estimé, surtout par les ivrognes lorsqu'ils boivent l'eau-de-vie de riz.

Au reste, les Annamites ne laissent rien perdre : viennent-ils à apprendre qu'un animal quelconque est mort dans la campagne, aussitôt ils s'abattent tous sur le cadavre comme une bande de vautours, et bientôt ils n'en ont plus laissé que les os. L'un des mets les plus succulents, disent les Cochinchinois, c'est la peau de buffle frite et rôtie. Leur bouillon n'est autre chose que de l'eau pure dans laquelle ils ont fait cuire quelques herbes. Ils mangent souvent des jeunes tiges de végétaux, après les avoir trempées dans une sauce composée d'un peu de saumure mélangée de poivre, de piment et d'autres ingrédients. Il faut être gratifié, n'est-il pas vrai, d'un estomac particulier pour digérer la nourriture en usage au pays d'Annam : aussi, comme on le pense bien, je m'y accoutumai difficilement.

Un dîner cochinchinois est servi dans des tasses de la forme de celles que l'on a en France pour prendre le café au lait. Les indigènes ont aussi des petites assiettes qui ressemblent à nos soucoupes ; sur ces assiettes on dispose les viandes coupées en morceaux assez menus. Beaucoup d'Annamites mangent accroupis comme des tailleurs, sur une natte à terre ou sur une estrade. Les gentleman se servent de petites tables rondes ou carrées, d'un ou de deux pieds de haut. L'usage des fourchettes et des cuillers est inconnu : chaque personne tient de la main gauche une écuelle de riz et prend de la main droite deux petits bâtonnets de bois, d'ivoire ou d'ébène, pour faire entrer le riz petit à petit dans la bouche en en approchant l'écuelle à chaque bouchée. Ces bâtonnets servent aussi de fourchettes pour prendre les mets dans le plat. On ne boit point en mangeant. Avant le repas, on avale une bonne dose d'arac (eau-de-vie de riz) pour se donner de l'appétit, et, après, les Cochinchinois un peu à l'aise boivent plusieurs tasses de thé de Chine. Les pauvres se contentent souvent de boire d'un seul trait, à grande écuellée, de l'eau chaude dans laquelle ils ont mis quelques feuilles de thé annamite ou certaines autres plantes pour en corriger l'âcreté. L'eau bue froide est très-malsaine, et, dans les montagnes, elle donne même quelquefois la mort.

Les Cochinchinois passent une bonne partie de leur temps, soit en visites, soit chez eux, à lire et à chanter les caractères. Le plus souvent, quand vous demandez à l'un d'eux où il va, il vous répond très-sérieusement : « *Di choi* » (Je vais m'amuser). L'amusement de beaucoup d'indigènes consiste dans les jeux de hasard, quoiqu'ils soient prohibés par les lois. Les Annamites sont des joueurs effrénés : ils jouent tout, jusqu'à leurs femmes et leurs enfants, et ils finissent par mettre leur personne même en enjeu. Les combats de coqs sont fort en usage dans l'Indo-Chine. Il est certains pays où les indigènes font aussi battre ensemble de petits poissons rouges que l'on conserve dans des vases en verre : lorsqu'on les réunit dans le même vase, ils se battent avec acharnement jusqu'à ce que l'un des deux triomphe, et le maître du poisson vainqueur gagne l'enjeu. Ce genre d'amusement plaît beaucoup aux Siamois.

Bien qu'ils ne soient pas des modèles en fait de travail, les Cochinchinois sont plus actifs que leurs voisins du Camboge. Ils sont plutôt intrigants que laborieux ; le petit commerce, qui ne demande pas un travail sérieux et opiniâtre, leur va bien. Au reste, la chaleur du climat et la mauvaise qualité de la nourriture excusent un peu ces pauvres Asiatiques. Quand, le soir, après avoir butiné toute la journée, ils rentrent dans leurs chaumières, ils n'ont le plus souvent à manger qu'un peu de riz avec du poisson pourri ; ils vont ensuite s'étendre sur une natte, par terre, ou sur des planches, ou bien encore sur un treillis de lattes de bambous.

Les riches ont seuls de bons lits tressés en rotin ; mais souvent, crainte des voleurs, ils n'osent dormir que d'un œil. Chacun, dans son intérêt, doit monter la garde pendant la nuit. Les règlements de police générale et les lois du royaume sont pour l'ordinaire fort sages et bien rédigés : le malheur est que ces lois et règlements sont mal observés ; les préposés à leur exécution sont les premiers à les violer. L'argent et les présents donnés secrètement lavent toutes sortes de crimes. Le plus grand scélérat, pourvu qu'il connaisse l'art de dissimuler, est un honnête homme; il n'y a que les maladroits, les gens simples et les pauvres qui soient punis. Ceci prouve clairement l'insuffisance de la sagesse humaine pour faire des honnêtes gens.

La bastonnade est la première peine infligée aux coupables et même à ceux qui ne sont encore que soupçonnés de quelque crime : on les frappe sur le derrière à grands coups de rotin, et chaque coup y laisse un sillon sanglant. Les Annamites mettent aussi les accusés aux entraves et à la cangue. Cette cangue est une échelle de cinq à six pieds de long. Si le coupable est condamné à mort, on l'étrangle ou on le décapite, ou même quelquefois on le coupe en morceaux quand c'est un grand criminel. Les moins coupables sont envoyés en exil dans une province éloignée, où ils sont à la chaîne; on les emploie souvent à chercher de l'herbe pour les éléphants du roi.

Une loi, ou plutôt un usage qui est dans les mœurs et qui a passé à l'état de loi, c'est qu'il faut avoir une grande vénération pour la vieillesse. Le vieillard, à l'âge de cinquante ans, est exempt de corvées et d'impôts; s'il est surpris en faute, il sera réprimandé, mais on n'oserait le punir : les lois l'excusent et le génie de la nation est naturellement porté à lui pardonner. Les enfants doivent honorer leurs père et mère pendant leur vie et les adorer après leur mort ; il en est de même des disciples envers leurs maîtres : de là vient ce culte superstitieux qu'ils rendent à leurs parents et à leurs maîtres défunts. Les lois punissent sévèrement l'enfant qui manque de respect à son père ou à sa mère. L'aïeul trône comme un roi dans la maison de ses enfants et de ses petits-enfants : on a pour lui, au moins en apparence, les plus grands égards; sa place est au haut bout de l'estrade. Le respect de l'Annamite pour son père et sa mère ou pour son maître, pendant leur vie, serait admirable s'il partait du cœur; mais ce n'est la plupart du temps que pure grimace, et l'affection véritable y est souvent pour fort peu de chose.

Je terminerai cette notice en disant que, tout bien considéré, le royaume annamite est une des contrées de l'Asie qui se prêterait le plus facilement à la civilisation chrétienne s'il était entre les mains des Français. Les Annamites n'ont pas sans doute l'intelligence, l'énergie et l'activité des Européens ; mais ils ne sont pas non plus, en général, sujets à ces excès de passion qu'amène souvent chez les Occidentaux un naturel indompté. Leurs mœurs sont plus douces, je dirai même plus décentes, au moins extérieurement, que celles des Français. Il se passe chez nous, tous les jours, une multitude de légèretés, d'inconvenances, qui, en Cochinchine, seraient regardées comme des crimes énormes.

Il ne faut cependant pas trop louer ces pauvres fils d'Annam : s'ils sont respectueux, soumis, polis, humbles même, — car dans ce pays l'humilité est une vertu de convenance, de bon ton, — ils sont aussi hypocrites, fourbes, voleurs et surtout menteurs au-delà de toute expression. Un Européen nouveau débarqué se laisse prendre à leur air naïf et candide, mais il doit s'en défier : ils nient ou affirment tout selon leur intérêt et sans aucun souci de la vérité, et puis, malgré ce vernis de douceur habituel aux Asiatiques, on voit quelquefois chez eux des explosions terribles de colère, de rage et de cruauté. Au reste, chaque peuple a ses défauts ; les nôtres sont certes assez marquants, et ils ont eu dans mille circonstances les conséquences les plus funestes pour notre pays.

CHAPITRE V.

Départ de la Basse-Cochinchine. — Arrivée à la frontière du royaume Khmer ou du Camboge. — Phnompenh. — Pinhalu. — Portrait et caractère de Sa Majesté Ong Duong. — Course dans les environs de Pinhalu. — Coup d'œil sur l'histoire du Camboge. — Lettre d'un missionnaire. — M. de Montigny, ministre plénipotentiaire de France. — Étendue du royaume du Camboge. — L'inondation. — Le grand lac. — Le buffle, animal domestique. — Produits. — Portrait et caractère du peuple cambogien. — Gouvernement. — Langue. — Religion. — Le dieu Sommonocudom. — Christianisme au Camboge. — Lettres d'anciens missionnaires de cette chrétienté.

Pendant près de deux ans, j'ai habité le royaume d'Annam, caché dans de pauvres cabanes, osant à peine, le soir, mettre le nez à l'air, fuyant la vue des hommes comme un malfaiteur; enfin, je redevins libre !..... Voici l'histoire :

Ayant appris que des païens connaissaient la présence d'un Européen dans le village que j'habitais, je ne m'y crus plus en sûreté. D'un autre côté, mon évêque m'écrivait que bientôt sans doute il me dirigerait vers les déserts de l'intérieur de la presqu'île indo-chinoise. Je partis alors pour le Camboge. De là, il devait m'être facile, si on le jugeait à propos, de remonter le fleuve Mêkhong et de parcourir ces contrées plongées dans les ténèbres du paganisme et où jamais Européen n'avait encore pénétré.

Je m'embarquai à la sourdine et remontai le grand fleuve pendant près de deux jours avec beaucoup de difficulté, le courant à cette époque étant assez rapide. Je craignais les attaques des pirates, qui, cachés par les îles du fleuve, tombent souvent à l'improviste sur les barques sans défense et les dévalisent entièrement. Il se trouvait, il est vrai, parmi mes conducteurs, un certain Thay-Phuoc, qui, je crois, avait autrefois fait le métier de forban et qui se vantait de ne pas craindre ses anciens confrères. Cet homme passait pour être habile dans l'art de la guerre; il excellait, disait-il, dans l'escrime et se faisait fort de terrasser dix adversaires. Mes rameurs avaient grande confiance en lui; ils me disaient : « Bisaïeul Long, ne craignez rien : le maître Phuoc a beaucoup de foie ; c'est un brave. » — Dans le pays d'Annam on dit qu'un homme a du foie, comme en France on dit qu'il a du cœur. — Mon vaillant Cochinchinois ne put faire alors ses preuves devant moi : nous ne rencontrâmes pas de pirates, et cela fort heureusement, car toute la science du maître Phuoc, comme je le vis plus tard, consistait à faire des sauts et des contorsions extravagantes, à pousser des cris affreux et à faire des grimaces épouvantables pour frapper de terreur ceux qui auraient osé l'attaquer.

Afin d'éviter la douane de la frontière, la plus sévère de toutes, j'entrai dans un petit canal latéral qui devait bientôt me conduire sur la terre du Camboge. Mes gens, après avoir pris un peu de repos, ramèrent vigoureusement la plus grande partie de la nuit.

Quand nous eûmes dépassé la frontière annamite, je montai sur le toit de ma petite barque. Le canal sur lequel nous voguions, gonflé par l'inondation, prenait parfois les dimensions d'un petit lac, parsemé d'une foule d'îlots plantés de bambous ; ma nacelle glissait doucement au milieu de ce labyrinthe ; la lumière douteuse de la lune éclairait le paysage.

Quels délicieux instants, surtout lorsqu'on sort de ces cabanes cochinchinoises humides et obscures ! Je fis alors retentir ma voix, muette depuis longtemps ; je ne cessai de chanter jusqu'à ce que j'eusse épuisé mon répertoire de cantiques, romances, chansons patriotiques. Oh ! qu'il est doux de pouvoir enfin respirer l'air de la liberté quand on a été prisonnier pendant de si longs jours !

Après avoir remonté le canal, nous rentrâmes dans le fleuve et bientôt nous abordâmes à la ville que les Cochinchinois appellent Namvang et les Cambogiens Phnompenh. Cette ville, autrefois résidence du roi du Camboge, est située au confluent du Mêkhong et de la rivière venant du grand lac. Elle fait un commerce assez considérable. Sa population, composée en grande partie de Chinois et d'Annamites, augmente tous les jours. On lui a donné le nom de Phnompenh (*Montagne d'abondance*), sans doute à cause d'un monticule, élevé, dit-on, de main d'homme, qui est très-près de là. Je suis allé visiter une ancienne pagode en ruine, située au sommet de la colline. Sur le fronton est représenté un Bouddha accroupi, ayant encore des traces de dorure. Derrière la pagode se trouve une belle pyramide à base quadrangulaire, qui prend bientôt la forme d'un cône et se termine en dôme effilé. Du pied de cette pyramide, qui s'élève à une assez grande hauteur, on voit se dérouler la plaine immense qui forme la Basse-Cochinchine et la plus grande partie du Camboge. Ce n'est que du côté du golfe de Siam, dans la direction ouest et nord-ouest, que l'on aperçoit de grandes montagnes bleues se dresser à l'horizon. Autour de la petite colline sont les sépultures des Chinois et des Cochinchinois ; c'est là aussi que les Cambogiens brûlent leurs morts.

La pagode de Phnompenh, quoique fort délabrée, est souvent fréquentée par les pèlerins. Il y en a une autre à quelques lieues plus bas, en descendant le fleuve, dans un lieu appelé Kien-Soai ; elle est également en grande vénération. J'aperçus, de ma barque, les religieux de cette bonzerie. Enveloppés dans un long voile de couleur jaune-orange et marchant à la suite les uns des autres comme une bande de canards, ces imposteurs allaient demander l'aumône du matin; le supérieur s'avançait en tête de la procession, une fleur de nénuphar à la main. Cet homme donnait une espèce de bénédiction aux femmes cambogiennes qui venaient s'accroupir devant lui et qui, prenant une cuillerée de riz dans un grand vase, la déposaient dans la gamelle de chacun des bonzes.

Quelques heures après avoir laissé Phnom-penh, grâce aux bras vigoureux de mes rameurs, j'arrivai à Tonol ou Pinhalu, village habité par des chrétiens descendants de Portugais, ainsi que par des Annamites et quelques Cambogiens. Pinhalu est situé sur le bord de la rivière qui vient du grand lac; Udong, résidence du roi actuel du Camboge, n'en est éloigné que d'environ trois lieues. Après quelques jours de repos, j'allai faire ma visite à Sa Majesté Ong Duong.

Ce roi, qui ne jouissait paisiblement de son trône que depuis trois ou quatre ans, me parut être un assez brave homme; il est moins vicieux que ses confrères les empereurs et rois asiatiques. Il a connu autrefois le malheur. Prisonnier à Siam, il fut presque réduit à la plus extrême misère; Sa Majesté gagnait sa vie en raccommodant des montres et des horloges. J'ai éprouvé ses talents en horlogerie. Lors de ma première visite, le roi me demanda si j'avais une montre : je lui répondis que j'en avais une, mais que le mouvement en était dérangé; il me dit alors de la lui envoyer, ce que je fis. Le monarque cambogien s'est mis à l'ouvrage, et ma montre a marché. On comprend, d'après cela, que le roi du Camboge ne ressemble guère aux souverains de l'Europe. Si vous le voyiez avec son jupon en soie jaune fixé autour des reins par une ceinture en or, à laquelle un gros diamant placé sur le ventre sert d'attache, vous en auriez une triste idée.

Le roi du Camboge adopte autant que possible les coutumes européennes : il nous saluait à l'anglaise par une bonne poignée de main. Il sait quelques mots de latin, mais il n'est pas fort sur la syntaxe. Je donnerai une idée de sa science en copiant l'inscription suivante qu'il a fait mettre sur la façade d'un assez joli pavillon devant servir de salle à manger : « *Domus bibere manducare oriza.* »

Ong Duong, comme je viens de le dire, est un bon homme, mais vieil enfant. Ce qui l'occupe surtout, c'est de singer les Européens ; tout ce qui vient de notre pays l'intéresse. Dans le petit pavillon où il me recevait, on remarquait un assez grand nombre d'articles d'Europe, surtout des objets en verre et en cristal, des carafes, des flacons, des serre-papiers. L'un de mes confrères fit un jour présent au roi d'un faux camée. Celui-ci èn fut tellement enchanté, qu'il ôta aussitôt de l'agrafe de sa ceinture son magnifique diamant, pour le remplacer par cette pierre de minime valeur, et, bien des fois depuis, j'ai vu Sa Majesté se pavaner avec le susdit camée. Peu de temps après, ayant appris qu'un de ses mandarins avait reçu de l'un d'entre nous un verre de couleur, Ong Duong l'obligea à le lui remettre et nous dit que nous ne devions donner qu'à lui seul des objets si précieux. Je fis aussi cadeau à ce prince d'une grande lithographie coloriée représentant le crucifiement. Il s'extasia devant cette image : il en louait les vives couleurs ; ce qui faisait surtout le sujet de son admiration, c'était le cheval d'un soldat romain ; il l'estimait plus, me disait-il, qu'une barre d'argent (82 francs). Je crois qu'il aurait donné volontiers la moitié de son royaume pour avoir un aussi beau cheval.

Maha reach Duong (l'illustre roi Duong) n'est remarquable sous aucun rapport. C'est un petit homme très-gros et ayant le visage criblé de petite vérole. Au point de vue de l'intelligence, il ne manque pas d'une certaine finesse; mais il est versatile, capricieux comme un enfant. Du reste, il a une position assez difficile, car, étant en même temps tributaire de Siam et de la Cochinchine, il se trouve obligé de louvoyer entre deux écueils, craignant de se briser aujourd'hui sur l'un et demain sur l'autre.

J'ai dîné plusieurs fois, non pas avec le roi, mais en sa présence et aux frais de sa cuisine, que je ne trouvai pas toujours très-appétissante. Le gros eunuque, son cuisinier en chef, ne me donnait les plats que lorsqu'ils étaient froids ; d'un autre côté, le roi voulait me forcer à manger comme un ogre. Un jour, après s'être servie de ses doigts pour se moucher, Sa Majesté prit du riz avec la main, dans le plat, et en mit une poignée sur mon assiette, en me disant de manger, de manger beaucoup..... A la première visite que je fis au maha reach Duong, accompagné d'autres missionnaires, il nous servit une certaine drogue qu'il disait être du vin d'Europe : il paraît que c'était de l'eau de Cologne ; l'un de mes confrères faillit en être empoisonné.

Quand j'arrivai au Camboge, ma santé était assez mauvaise ; le roi lui-même fut frappé de ma pâleur : les dix-huit mois que je venais de passer à l'ombre, en Cochinchine, n'avaient pas été propres à me donner des couleurs vermeilles. Pour me remettre un peu et pour me distraire, mon confrère, qui habitait la chrétienté de Pinhalu et y dirigeait un petit collége annamite, me proposa une course à une ou deux lieues de là. Deux chevaux, présent du roi, nous furent amenés enharnachés à la façon indigène, c'est-à-dire avec un petit coussin rouge en guise de selle et sans étriers, mais avec force sonnettes au cou. Un petit mandarin chrétien, revêtu du grade de *reambuthea* (grand-maître de l'artillerie cambogienne), nous prêta aussi l'un de ses chevaux. Ce bidet était de si petite taille, qu'ayant pris mon élan pour le monter, je passai par-dessus sa tête et faillis me rompre les reins. Bref, nous partîmes avec plusieurs chrétiens du village, qui portaient quelques provisions.

Nous côtoyâmes un petit lac, où pêchaient tranquillement de nombreux oiseaux aquatiques; nous vîmes aussi sur le bord une belle tortue, et l'un d'entre nous était sur le point de la prendre quand elle se jeta dans l'eau. Les chiens qui nous avaient suivis se mirent ensuite à aboyer dans la forêt; j'y allai pour savoir ce dont il s'agissait et je vis un gros serpent qui déroulait lentement ses longs replis : je lui rompis l'échine d'un coup de fusil; nos chrétiens l'achevèrent à coups de lance.

Ce serpent était d'une espèce très-dangereuse. Cela n'empêcha pas un certain Neac-Kep, qui me suivait, de s'en emparer, disant qu'il en voulait faire de la médecine ; mais je crois qu'il mentait, car, étant grand mangeur de ces reptiles, il a dû le réserver pour son repas. Neac-Kep, il paraît, avait l'adresse de prendre les boas qui venaient faire la chasse à ses canards et à ses poules, puis il s'en régalait.

Après avoir chevauché pendant environ une heure, nous arrivâmes au pied d'un groupe de trois petites montagnes isolé au milieu de la plaine ; c'est là que se trouvent les sépultures des anciens rois du pays. Je gravis ces collines et je rencontrai çà et là des pyramides, monuments funèbres des princes du Camboge. On trouve aussi dans ces lieux sauvages les restes de plusieurs pagodes. La plus grande, bâtie par le père du roi actuel, a été, dit-on, incendiée par le feu du ciel ; on voit encore debout de grands murs et d'énormes colonnes en briques. Au fond du temple est la statue d'un Bouddha assis, ayant au moins trente ou quarante pieds de haut : je n'ai jamais vu pareil monstre. Sous le rapport de l'architecture, il n'y a rien de très-remarquable; tout est en ruine : c'est bien là le séjour de la mort; le tigre se promène la nuit autour des murs croulants et le serpent fait son nid dans le creux des tombeaux.

En revenant de cette expédition, je parlai au grand-maître de l'artillerie de sa science et de l'habileté des canonniers chrétiens, ses subordonnés. Il me répondit qu'ils étaient en effet les premiers soldats du roi; qu'ils ne manquaient pas d'adresse. Réambuthéa, depuis quelque temps, leur apprenait la manœuvre avec un canon en bois. Ces fameux soldats chrétiens me dirent plus tard qu'en cas de guerre tous iraient au plus vite se cacher dans les forêts, se souciant fort peu d'être les premiers artilleurs de Sa Majesté.

Le Camboge, si chétif maintenant, a été cependant autrefois un royaume assez illustre et assez puissant.

Quelle est l'origine du peuple cambogien? Ce peuple vient probablement de la presqu'île en deçà du Gange. Sa langue a beaucoup de rapport avec le bali et le sanscrit. Les monuments élevés dans le Camboge à l'époque de sa splendeur ressemblent à ceux que le voyageur rencontre çà et là au milieu des plaines de l'Hindoustan. Actuellement encore, les caractères physiques, intellectuels et religieux rapprochent les habitants de ce pays beaucoup plus des indigènes de l'Inde que des peuples d'origine chinoise. A quelle époque les Cambogiens auraient-ils quitté les rives du Gange pour venir, à travers les forêts de l'Indo-Chine, se fixer dans la partie méridionale de cette presqu'île? C'est ce que nous ignorons. Peut-être serait-ce à l'époque où les partisans de la réforme bouddhique, en lutte ouverte avec l'ancien culte, le brahmanisme, furent obligés, après leur défaite, de se réfugier à Ceylan ou de s'abriter aux pieds de l'Himalaya, ou bien encore d'aller chercher une autre patrie dans la presqu'île transgangétique.

Il est fort difficile, pour ne pas dire impossible, de faire l'histoire du Camboge, attendu qu'on n'a à puiser des notions certaines dans aucun document authentique. Ce royaume a été si souvent bouleversé par les guerres civiles et par les invasions étrangères, que ses annales, s'il en a jamais existé, ont été très-probablement détruites. Ce que j'ai appris sur le Camboge, je le tiens presque tout entier d'hommes du pays assez intelligents et qui ont conservé quelques traditions du passé.

Le nom que nous donnons à ce pays n'est pas son nom véritable ; il vient du vieux mot siamois Kamphuxa, par lequel on le désignait dans le royaume de Siam ; les Portugais en ont fait Cambodia et les Français Cambodge ou Camboge. Les Cambogiens appellent leur patrie *Khmer, Sroc Khmer* (province Khmer), *maha nocor Khmer* (illustre royaume Khmer).

Au dire des Cambogiens, vers le XIe ou le XIIe siècle de notre ère, il y avait, à quelques lieues du rivage nord-ouest du grand lac, une ville habitée depuis longtemps par des hommes de leur race. Cette ville se nommait Inthapat ou Angcor ; elle était gouvernée par un roi dont la dynastie régnait depuis plusieurs siè cles. A cette époque, un pauvre hère, soit par le secours d'En-Haut, selon les uns, soit par son intelligence, selon les autres, parvint au faîte des honneurs et finit par s'emparer du trône. Cet homme illustre, dont parlent tous les Cambogiens, est le Neac Sedach Comlong (*roi Lépreux*).

Dans le voyage que j'ai fait à Angcor, on m'a montré une statue qui était, m'a-t-on dit, celle du Ninus cambogien. Cette statue, bien supérieure aux modernes Bouddhas, représentait un homme assis *in plano*, un genou appuyé sur le sol et l'autre relevé ; ses cheveux, assez longs, retombaient en boucles sur ses épaules ; on remarquait quelque chose de noble dans sa physionomie : il n'avait pas l'air niais et hébêté des divinités faites à la moderne ; deux petites statuettes se trouvaient de chaque côté et semblaient représenter des soldats veillant sur leur roi. Tout ce qu'il y a de beau au Camboge est attribué au roi Lépreux. Ainsi, c'est lui qui a bâti la ville et la pagode d'Angcor ; c'est encore lui qui aurait fait construire une chaussée gigantesque pour traverser le grand lac, chaussée qui n'a probablement jamais existé.

Les annales siamoises rapportent qu'un roi cambogien, qui régnait à Inthapat peu de temps après le roi Lépreux, ayant vu son pays affligé d'une terrible famine, envoya vers l'ouest des explorateurs, dans l'espoir qu'ils découvriraient des provinces fertiles pouvant servir d'asile à la population affamée d'Inthapat. Ces hommes, arrivés sur les bords du fleuve de Siam, crurent avoir trouvé une contrée convenable aux desseins du roi ; ils vinrent lui faire part de leur découverte, et celui-ci émigra avec une partie de son peuple vers le Menam siamois.

Cette histoire pourrait faire croire que les Cambogiens et les Siamois vivaient en frères, et cependant ces deux peuples n'eurent pas toujours l'un pour l'autre une amitié très-fraternelle; ils se montrèrent même souvent ennemis implacables. Vers le XIVe siècle, les Cambogiens s'unirent aux Birmans pour achever d'écraser les Siamois. Le peuple birman ou barma s'est montré, à plusieurs époques, le fléau de la partie occidentale de la péninsule transgangétique. C'est encore actuellement, bien qu'il ait été vaincu par les Anglais il y a quelques années, le peuple le plus guerrier et le plus redoutable de ces contrées.

Après de sanglantes défaites, les Siamois, ayant à leur tête un roi valeureux nommé Pra-Narai, parvinrent cependant peu à peu à relever leur pays de ses ruines. Indigné de la méchanceté et de la duplicité du roi du Camboge, qui, dans les malheurs causés par les invasions birmanes, était encore venu augmenter l'infortune des Siamois, en pillant ce qui avait échappé aux premiers désastres et en emmenant ses compatriotes en captivité, Pra-Narai jura de ne point prendre de repos jusqu'à ce qu'il se fût vengé, jusqu'à ce qu'il eût lavé ses pieds dans le sang du monarque cambogien. Celui-ci ne résidait plus à cette époque dans la ville d'Angcor; il habitait Louvek, ville qui était située à une ou deux lieues d'Udong, et dont il ne reste aujourd'hui que l'enceinte. Les Siamois arrivèrent au Camboge avec une armée formidable, saccagèrent tout le pays et vinrent mettre le siége devant Louvek. Les Cambogiens tinrent encore assez longtemps ; mais il fallut enfin se rendre. Les Siamois firent le roi prisonnier et l'égorgèrent sur-le-champ. Comme il l'avait juré, Pra-Narai lava ses pieds dans le sang du malheureux prince.

Le Camboge ne se releva jamais de ce désastre : les Siamois eurent presque toujours depuis la haute main sur ce royaume. D'un autre côté, vers le même temps, les Annamites envahissaient peu à peu les provinces du royaume Cham ou de Ciampa. Les habitants de ce pays, n'étant plus soutenus par les Cambogiens, finirent, après de longues guerres, par se soumettre aux Cochinchinois, et ceux-ci, vers le milieu du XVIIe siècle, débouchèrent enfin dans les belles plaines du Camboge méridional.

Dans la première moitié de ce siècle, régnait au Camboge un prince qui paraît avoir gouverné assez sagement son pays. Quand il fut sur le point de mourir, il nomma son frère régent et tuteur de son fils; mais ce tuteur infidèle, entraîné par l'ambition, se déclara roi. Le neveu, privé injustement de la couronne, eut recours, dès qu'il le put, à la voie des armes pour rentrer dans son héritage; il parvint à enlever à son tuteur le royaume et la vie.

La mort de ce prince ne fut pas le dernier acte de cette sanglante tragédie : quatre enfants lui survivaient, décidés à venger la mort de leur père. Ces jeunes princes réunirent un corps d'armée pour attaquer le souverain légitime, et, craignant de succomber dans la lutte, ils appelèrent à leur secours le roi de Cochinchine, Hien-Vuong, lui offrant, s'il voulait les aider à satisfaire leur vengeance, l'abandon de leurs droits à la couronne du Camboge. Hien-Vuong ne manqua pas de se rendre à l'appel qui lui était fait. Il envoya pour cette conquête un de ses généraux avec de l'infanterie et des vaisseaux. Ce mandarin entra sans coup férir dans le Camboge et en conquit plusieurs provinces; il s'empara aussi de quelques navires ainsi que d'un grand nombre de pièces d'artillerie ; il fit même le roi prisonnier et l'emmena en Cochinchine dans une cage de fer.

Vers le milieu du XVIIIe siècle, la meilleure partie de la Basse-Cochinchine était entre les mains des Annamites, A cette époque, il se présenta pour les Cambogiens une bonne occasion de relever leur puissance. Les Birmans étaient de nouveau venus fondre sur Siam. Après un long siége, ils avaient pris Juthia, capitale du royaume, et l'avaient entièrement détruite ; d'un autre côté, des révoltes sanglantes éclataient en Cochinchine ; mais les Cambogiens, au lieu de profiter de ces circonstances pour recouvrer ce qu'ils avaient perdu, achevèrent de ruiner leur pays par la guerre civile.

Il y avait au Camboge, en l'année 1778, une famille toute puissante : l'un de ses membres était grand mandarin à la cour ; un autre, gouverneur de Bassac ; un troisième commandait dans la grande province de Compongsoai (Rivage des Manguiers). Un différend étant survenu entre le roi et le gouverneur de Compongsoai, celui-ci se révolta, et, avec l'aide de ses frères, il dissipa en peu de temps l'armée royale. Le pauvre monarque cambogien s'enfuit dans les forêts avec quelques éléphants et quelques serviteurs. Ses sujets révoltés coururent immédiatement sur ses traces. Pour les retarder dans leur poursuite, il jetait à pleines mains, au milieu des herbes et des buissons, des duong, monnaie d'argent, grosse comme les petites billes dont les enfants se servent dans leurs jeux.

Le prince fugitif, manquant de vivres, sortit bientôt de sa retraite et fut découvert : les révoltés, l'ayant fait prisonnier, n'osèrent le tuer à coups de sabre ou de fusil, crainte de péché, mais ils l'enfermèrent dans une cage et l'étouffèrent sous l'eau. Les membres de la famille royale cambogienne survivant au massacre s'enfuirent à Bangkok, nouvelle capitale du royaume de Siam, qui commençait à se relever de ses ruines. Les chrétiens de Battambang m'ont raconté que le roi, avant d'être pris par les rebelles, avait fait jeter dans le fleuve beaucoup d'objets précieux, espérant les retrouver un jour. Après la mort du prince, on retira secrètement de l'eau plusieurs bijoux de grande valeur. Quelques chrétiens, dit-on, se sont ainsi enrichis à peu de frais.

Après cette révolution, différents intrigants occupèrent successivement le trône du Camboge. Pendant quelque temps, les Tay-Son eurent aussi ce pays sous leur domination.

Tandis que Gia-Long luttait victorieusement contre les Tay-Son, le descendant des princes de l'illustre royaume Khmer, aidé par les Siamois, rentra dans son héritage et régna assez paisiblement; mais il paya chèrement les services qu'on lui avait rendus. Les provinces de Battambang et d'Angcor furent désormais incorporées au royaume de Siam, aussi bien que la partie méridionale du Laos, qui primitivement dépendait du Camboge; le monarque annamite fut déclaré maître légitime de toute la Basse-Cochinchine, et le pauvre neac sedach Khmer se reconnut, pour tout ce qui lui restait, tributaire des souverains de Huê et de Bangkok. Le frère aîné du roi actuel établit son séjour à Phnompenh ou Namvang, sous la protection des Annamites, qu'il préférait aux Siamois. Ses deux frères étaient en ôtage, le cadet à Battambang, et l'autre, le roi actuel, à Bangkok : les Siamois les tenaient sous leur main, espérant s'en servir un jour dans l'intérêt de leur politique. Le prince qui était à Battambang, peu surveillé, s'enfuit vers Phnompenh avec tous les Battambonais, qu'il emmena de gré ou de force. Tombé entre les mains des Annamites, il fut fait prisonnier et mourut peu de temps après à Chaudoc, dans la Basse-Cochinchine.

Le frère aîné étant mort sans enfants mâles, une de ses filles fut placée sur le trône par les Cochinchinois; mais les Siamois, se servant du troisième frère, le maha reach Duong, comme d'un drapeau, descendirent au Camboge, rallièrent autour d'eux la population tout entière et massacrèrent les Annamites dispersés dans le pays. Après une guerre qui dura plusieurs années avec des succès variés, les Annamites, supérieurs comme marins, mais inférieurs sur terre à cause du grand nombre d'éléphants qu'avaient les Siamois, éprouvèrent une défaite assez sanglante.

Le héros de la bataille, me dirent des Cambogiens présents à l'action, fut un éléphant de la province de Battambang, nommé Aphyt. Cet animal faillit une fois me jouer à moi-même un mauvais tour dans les bois de Battambang : heureusement que son cornac parvint à le maîtriser, car il m'aurait fait pirouetter en l'air avec sa trompe et caressé les côtes avec ses défenses. Pour en revenir aux exploits d'Aphyt dans la bataille entre les Cochinchinois et les Siamois, ceux-ci avaient lancé une troupe de deux ou trois cents éléphants sur leurs ennemis ; mais ces animaux n'osaient avancer ou plutôt leurs cornacs ne se pressaient pas trop de s'exposer aux balles cochinchinoises. Aphyt, rendu furieux par la blessure que venait de lui faire un projectile égaré, fondit sur l'armée ennemie, et tous les animaux de son espèce le suivirent. Ils eurent bientôt mis le désordre dans les bataillons cochinchinois : ils saisissaient les hommes avec leur trompe et les écrasaient sous leurs pieds.

Bref, la victoire resta aux Siamois ou plutôt à leurs éléphants.

La paix fut conclue peu de temps après cette affaire. Les Siamois et les Annamites reconnurent pour roi du Camboge Ong Duong, qui, de son côté, se rendit leur tributaire.

Ce prince, ayant appris dans la suite qu'il se trouvait en Basse-Cochinchine des missionnaires européens, y envoya secrètement quelques chrétiens à leur recherche : il désirait, par leur intermédiaire, nouer des relations avec les souverains d'Europe, dans l'espoir d'être soutenu par ceux-ci en cas de guerre avec ses nombreux ennemis. Les chrétiens cambogiens découvrirent la résidence de Mgr Miche, coadjuteur du vicaire apostolique de la Cochinchine méridionale, et ils firent aussitôt connaître à ce prélat l'objet de leur mission. Mgr Miche se rendit alors au Camboge, qu'il avait habité antérieurement et dont il connaissait la langue. Il fut fort bien accueilli par le roi. D'autres missionnaires vinrent ensuite aider l'évêque de Darsara, qui essayait de reconstituer la chrétienté du

Camboge, presque anéantie par le malheur des temps.

Ong Duong, selon ses caprices, fut tantôt favorable aux missionnaires, tantôt il leur fut hostile. Je crois devoir citer ici une lettre que j'ai reçue, en janvier 1858, d'un ami qui habite l'Indo-Chine depuis dix ans. Le roi du Camboge est un peu maltraité dans cette lettre : c'est sans doute avec raison.

« Ile Cosutin, sur le Mêkhong (Camboge), 22 juillet 1857.

» Cher ami, votre aimable lettre du 21 novembre 1856 est venue me trouver à Cosutin il y a déjà quelque temps; vous ne sauriez vous imaginer le plaisir qu'elle m'a causé : elle est en effet une preuve que la distance qui actuellement nous sépare ne vous a point fait oublier un pauvre missionnaire du Camboge. Merci donc de la bonté que vous avez eue de répondre aux deux mots que je vous ai adressés l'an dernier.

» Sans doute, vous ne vous attendez pas à lire le récit de conversions nombreuses et éclatantes, puisque vous savez parfaitement ce que vaut le peuple cambogien. Néanmoins, il est vrai de dire que, parmi les Chinois, on a plus de chances et un peu plus de succès; ils comprennent mieux la nécessité de sauver leur âme; ils savent tant soit peu raisonner.

» Comme vous l'avez appris, M. de Montigny, ministre plénipotentiaire de France près des cours de Bangkok et de Hué, a passé à Campot. L'apparition de ce personnage aurait suffi pour nous faire connaître le pauvre sire d'Udong, si déjà il ne nous avait été connu pour ce qu'il est. Dès qu'il sut que M. de Montigny était à Bangkok et qu'il devait passer au Camboge avant de se rendre en Cochinchine, il se mit à rêver qu'il allait être rétabli dans le gouvernement des provinces cambogiennes que les Annamites lui ont enlevées et qu'ils occupent maintenant, c'est-à-dire toute la Basse-Cochinchine jusqu'au Ciampa. Ce roitelet s'imaginait que les Français venaient dans l'extrême Orient pour obliger le roi d'Annam à les lui restituer. Aussi, deux mois d'avance, il était dans un enthousiasme indicible. La route d'Udong à Campot avait été réparée; tous les jours elle était couverte d'estafettes qui allaient et venaient. Le roi avait dit à Mgr Miche que, si le plénipotentiaire de France ne pouvait venir jusqu'à Udong, lui-même irait à Campot pour avoir une entrevue avec Son Excellence, le *mi top* (a), comme il l'appelait.

» Bref, M. de Montigny atterrit sur le territoire du Camboge : un courrier court à toutes jambes annoncer au roi l'arrivée du *mi top parangces* et lui fait savoir en même temps que le plénipotentiaire, pressé de se rendre en Cochinchine, ne peut venir jusqu'à Udong. Que va faire le sire d'Udong? Tenir sa parole et traîner ou faire porter son gros ventre jusqu'à Campot? Non. Une lettre menaçante est arrivée de Siam; elle lui dit de bien se garder de faire un traité avec la France; de plus, un *kha luong* (b) est venu sur le navire français pour espionner la conduite du roi du Camboge, qui, dans cette circonstance, ne fut pas loin de faire ce que fit Balthazar lorsqu'une main invi-

(a) Ce mot signifie général d'armée.

(b) Serviteur ou employé du roi de Bangkok.

sible écrivit sa condamnation sur les murs de son palais.

» Cependant il faut prendre un parti ; le temps presse. Le roi ne pouvant, sans offenser son suzerain, traiter avec M. de Montigny, il ne faut plus qu'une entrevue soit même possible : aussi il va faire partir les trois principaux mandarins, sans pouvoirs, bien entendu, mais avec des quintaux de sucre, de poisson sec et même de langoutis ! Ce pauvre sire, qui avait ordonné de dire à M. de Montigny que la maladie l'empêchait d'aller, malgré son grand désir, jusqu'à Campot, part d'Udong pour faire sa visite annuelle aux pagodes, afin que, si le plénipotentiaire finissait par se déterminer à venir à Udong, il ne puisse pas le rencontrer.

» M. de Montigny, voyant qu'il n'y avait rien à faire avec les trois individus que le roi lui avait envoyés, impatient d'aller rejoindre à Touranne les deux navires qui devaient l'y attendre, voulut toutefois élaborer un traité commercial et religieux qui fut traduit en cambogien. Ce traité, il le remet à M. Hestrest, en le chargeant de le faire signer par le roi, après l'explication qu'il lui en donnera. M. de Montigny part avec Mgr Miche, qui doit l'accompagner jusqu'en Cochinchine. De son côté, M. Hestrest va à Pinhalu pour s'entendre avec M. Aussoleil, et tous deux se rendent à Udong.

» Ce jour-là, grande et solennelle audience, affluence inusitée jusqu'alors. Il semble que le roi l'avait fait à dessein, afin que ses injures grossières à l'adresse des deux confrères et de tous les *parang* (*a*) eussent plus de retentissement. C'est devant cette assemblée que les mots *a sangcreach*, *a parang*, *vea* (*b*), ont été proférés avec emphase par le misérable roitelet. De plus, ce triste sire a reçu avec un dédain affecté les beaux présents que M. de Montigny lui avait envoyés, et il a dit, en parlant de lui, *moc thu vor kenong sroc Khmer* (*c*), *moc bonchhot* (*d*). Ainsi, somme toute, le passage

(*a*) Chrétiens.

(*b*) Termes de mépris pour les Européens et les missionnaires.

(*c*) Il vient jeter le trouble dans le royaume du Camboge.

(*d*) Il vient pour tromper.

du plénipotentiaire au Camboge n'a eu pour résultat et n'a servi qu'à faire bafouer les Français, en général, et qu'à attirer aux missionnaires, en particulier, le mépris de ces pauvres idolâtres qu'on appelle Cambogiens.

» ..... Les Chinois, qui sont partout en révolte, ont fait dernièrement une apparition à Campot sur six jonques, et ils ont tellement semé la terreur dans cette province, que M. Hestrest a été obligé de se réfugier à bord d'un navire hambourgeois qui se trouvait dans la rade. A l'heure qu'il est, je ne sais si ces pirates se sont éloignés des côtes du Camboge.

» ..... Vous n'ignorez pas que Mgr Pellerin s'est rendu en France pour prier l'empereur de s'intéresser au sort des chrétiens de Cochinchine, qui, sans être encore précisément persécutés, sont surveillés de très-près, parce qu'on les soupçonne d'avoir appelé les Français en ce pays.

» Savez-vous, mon cher ami, que tout le résultat de la mission de M. de Montigny près la cour de Huê, où, bien entendu, il n'est pas allé, a été de faire mépriser les Français?

C'est au point qu'un mandarin cochinchinois a osé dire au plénipotentiaire, accompagné de deux capitaines de navire et d'un grand nombre d'officiers : « Un Annamite est tou- » jours bon pour trois Français, et, si l'on » veut la guerre, on la fera. » Après un tel défi, les navires ont levé l'ancre !....

» N'oubliez pas, je vous prie, dans vos bonnes prières et au saint autel, votre très-humble et sincère ami. »

Ainsi que je l'ai dit plus haut et comme on le voit dans la lettre précédente, le royaume du Camboge est fort peu de chose maintenant. Il a à peu près l'étendue de sept ou huit départements français. Je dis à peu près, parce qu'en certaines provinces les frontières sont mal définies et qu'à l'est du grand fleuve, du côté des sauvages, il n'y a même pas, à proprement parler, de frontières : c'est la puissance du roi, dont l'influence s'étend plus ou moins loin, suivant les circonstances, qui forme la limite de ce côté. Il est encore plus difficile de fixer le chiffre de la population dans ce pays qu'en Cochinchine. Comme on y trouve de vastes espaces déserts et comme les habitations sont partout peu nombreuses, excepté sur le bord des rivières, j'estime que le petit royaume du Camboge renferme actuellement à peine un million d'âmes.

L'illustre royaume Khmer, à l'époque de sa splendeur, s'étendait à peu près depuis le 100° jusqu'au 106° longitude E. et depuis les 8° 50' jusqu'aux 14° 50' latitude N. Ce vaste territoire n'est pas partout également fertile : il y a des contrées sablonneuses et peu productives, mais il y a aussi de riches provinces arrosées par des fleuves magnifiques ; la vie y est facile et le moindre travail suffit pour se procurer le nécessaire. Les Cambogiens, se fiant à la fertilité de leurs rizières et à l'abondance du poisson dans les fleuves, se sont endormis dans la mollesse. Leurs rois ne songeaient qu'au plaisir et ne se souciaient guère d'accroître ou même de maintenir leur puissance. Aussi, peu à peu, les intrigants Cochinchinois ont envahi leurs plus belles provinces.

Le Camboge est arrosé par deux cours d'eau

principaux : l'un est le Mêkhong ou Mênam-Khong, que dans ce pays on appelle simplement le *Grand Fleuve;* l'autre est la rivière qui sort du grand lac. Ce lac, qui a environ trente lieues de longueur sur dix ou douze de largeur moyenne, offre dans la saison des pluies une masse d'eau énorme ; pendant la saison sèche, les bords en sont à découvert à une certaine distance, et, sauf en quelques endroits seulement, l'eau est peu profonde.

La rivière ou plutôt le canal qui unit le lac au Mêkhong a son point de jonction avec ce fleuve à Phnompenh. Je dis que ce cours d'eau est plutôt un canal qu'une rivière, parce que, depuis le mois de novembre jusqu'au mois de mai, l'eau descend du grand lac vers Phompenh, tandis que, pendant le reste de l'année, elle vient du Mêkhong, se dirigeant vers le lac par un courant souvent très-rapide. C'est peut-être un phénomène unique dans la géographie. Il est causé par la surabondance des flots que roule le Mêkhong, qui, ne pouvant s'écouler assez vite dans la mer, refluent dans l'intérieur du Camboge, où ils causent une inondation souvent fort considérable, et élèvent le niveau du lac à une grande hauteur. Dès que la saison des pluies est passée, le courant reprend sa direction vers la mer de Chine. Quand les eaux sont basses, la marée remonte fort avant dans l'intérieur des terres; elle se fait sentir jusque dans le grand lac.

Pendant l'inondation, qui dure ordinairement deux ou trois mois, depuis août jusqu'en novembre, les communications n'ont lieu qu'en barque. Les indigènes bâtissent leurs maisons sur des colonnes, à une certaine hauteur, afin que l'eau n'atteigne pas le plancher ou plutôt le treillis de bambous qui leur sert de parquet. Cette habitude de se loger à une certaine élévation est générale chez les Cambogiens, même chez ceux qui habitent des provinces où l'inondation n'est pas à craindre. Au rez-de-chaussée, sous l'habitation des maîtres, se trouvent les poules, canards, cochons, chiens et autres animaux domestiques : aussi, cet endroit est-il un vrai cloaque d'où s'exhalent des vapeurs méphitiques capables d'engendrer la peste. Les maisons des Cambogiens sont généralement plus petites que celles des Cochinchinois ; mais elles sont plus élégantes : étant neuves, elles ont un air coquet qui ne déplaît pas.

Les animaux qui peuplent les forêts du Camboge sont les mêmes qu'en Cochinchine. L'inondation, qui n'a presque pas lieu dans ce dernier pays et qui au contraire est fort considérable au Camboge, y attire une multitude d'oiseaux aquatiques, tels que pélicans, plongeons, corbeaux d'eau, que l'on rencontre souvent par bandes innombrables. J'ai vu de ces bandes qui, interposées entre le soleil et la surface du lac ou du fleuve, faisaient l'effet d'un nuage et voilaient la lumière de l'astre du jour.

Le grand lac est un immense réservoir où le poisson abonde : on y trouve quelquefois des bancs de petits poissons à huile qui permettent à peine d'enfoncer la rame dans l'eau. Le marsouin, le poisson à scie, le poisson royal, le poisson-tigre, peuplent un vaste espace qui, durant la saison sèche, en février et en mars, n'est couvert que de deux ou trois pieds d'eau. Alors, les Cambogiens, les Chinois et les Annamites arrivent en foule avec des filets sur les bords du lac, où ils campent pendant plusieurs mois. Ces nombreux pêcheurs prennent une énorme quantité de poissons qu'ils font sécher; ils fabriquent de l'huile avec le poisson de qualité inférieure.

Parmi les animaux domestiques, le plus utile est le buffle: on l'emploie pour le labourage et le transport des marchandises. Les éléphants servent aussi aux transports du commerce; mais ils sont plutôt une monture pour les riches. Chaque dignitaire un peu élevé en grade et tout homme tant soit peu favorisé par la fortune ont quelques-uns de ces derniers animaux. Plusieurs éléphants, plusieurs femmes et un certain nombre d'esclaves, voilà, au Camboge, ce qui distingue du vulgaire les hommes importants.

Les bœufs et les chevaux sont petits et peu nombreux; on les a plutôt comme animaux de luxe que comme animaux utiles. Le buffle est la véritable bête de somme, le seul bon travailleur, dans toute cette partie de l'Asie: il est lent, mais il est fort ; il est sobre, ne vivant que de quelques herbes qu'il attrape où il peut ; la nuit, on le ramène auprès de l'habitation, où il est parqué en plein air, à ciel découvert. Pour éviter les piqûres des moustiques, cet animal se roule dans la boue, quelquefois même il s'enfonce tellement dans le bourbier, qu'on n'aperçoit plus que le bout de son museau, ses gros yeux d'un aspect sinistre et ses grandes cornes menaçantes. Quand la saison des pluies est déjà bien déclarée, les buffles sont le plus ordinairement occupés à labourer les rizières.

Voici comment on cultive la terre au Camboge. Deux buffles tirent péniblement, au milieu des champs déjà détrempés par les eaux, une mauvaise charrue sans roues ; un petit bout de fer, large comme trois doigts, placé à l'extrémité d'un soc grossier tout en bois, pénètre dans la terre boueuse, sépare et retourne les racines et les herbes qui ont envahi le champ depuis la dernière récolte. Après avoir labouré, les buffles traînent une espèce de herse à une seule rangée de dents, comme un grand rateau, et le chef de l'attelage pèse sur ce rateau en s'y tenant debout, pour mieux nettoyer la rizière. Quand le terrain est en bon état, on repique le riz, haut déjà de quatre ou cinq pouces et que l'on avait primitivement semé dans un petit champ pour l'en arracher ensuite. Le riz, une fois planté et repris, demande un sol toujours humide ; aussi, pour cette raison, on élève de petites chaussées qui retiennent l'eau dans les rizières.

Les produits du Camboge sont le riz, le tabac, l'indigo, un peu de soie, le coton, qui vient parfaitement dans les îles et sur les bords du Mékhong. Les femmes du Camboge tissent de magnifiques langoutis très-recherchés à Siam. Le langouti est un morceau d'étoffe de coton ou de soie. Les habitants du pays, hommes et femmes, nouent cette pièce d'étoffe au-dessus des reins ; les femmes la laissent retomber comme un jupon; les hommes, au contraire, la relèvent et l'attachent par derrière.

On cultive la canne à sucre depuis longtemps, mais le roi vient seulement d'établir un moulin à sucre : les cannes n'étaient jusqu'ici qu'à l'usage des enfants et des gourmands. Il y a au Camboge une espèce de palmier vers le sommet duquel on fait des incisions, afin qu'il en découle un suc qui est agréable quand on le boit de suite. Étant bouilli et évaporé, ce suc donne pour résidu du sucre noir, que l'on vend aux Chinois ou que l'on use dans le pays. Les Cambogiens vendent aussi aux navires qui viennent chez eux du gambouge ou gomme-gutte, de l'écaille, du benjoin, de la laque, de l'ivoire, du poivre, du cardamome, des cornes de rhinocéros, des cornes et des peaux de buffle et de bœuf, du rotin, du poisson sec, de la viande desséchée de buffle, d'éléphant et d'autres animaux sauvages.

Au Camboge, on ne rencontre guère de plantes d'agrément et l'on ne cultive quelques fleurs qu'autour de l'habitation des mandarins. Cependant on voit de temps en temps, au milieu des bois, des fleurs aux plus brillantes couleurs, sur lesquelles viennent se poser des oiseaux étincelants comme l'émeraude et le rubis ; mais, ainsi que je le disais un jour à l'un de mes compagnons, dans ce pays, les oiseaux sont sans voix et les fleurs sans parfum : ces jolis oiseaux, ces belles plantes, ne valent pas le modeste rossignol et l'humble violette de la terre natale....

L'illustre royaume Khmer est encore une contrée sauvage, malgré sa vieille civilisation. C'est, on peut le dire, une immense forêt. Çà et là, seulement sur le bord du fleuve et des rivières ou dans l'intérieur des terres, autour de quelques champs de riz, viennent se grouper de pauvres cabanes, dont les habitants ne s'ingénient qu'autant qu'il faut pour ne pas mourir de faim.

Les forêts du Camboge, au moins celles que n'atteint pas l'inondation, abondent en arbres magnifiques et de qualité supérieure. Tous les ans, à l'époque des grandes eaux, les Annamites remontent vers ces belles forêts et vont les dévaster. Ils se contentent, à la douane, de payer le décime, un arbre sur dix.

Il y a au Camboge une colonie assez considérable de Malais ; les Chinois sont aussi fort nombreux. Beaucoup plus actifs, beaucoup plus intrigants que les Cambogiens, les Annamites envahissent peu à peu ce royaume : tout le petit commerce est entre leurs mains. Les Chinois et les Malais font principalement le commerce extérieur ; ce sont eux qui achètent les cargaisons qui viennent de Canton ou de Singapore et qui fournissent aux navires des chargements pour leur retour. Les indigènes, mous et paresseux, laissent les étrangers faire leur profit de ce qui devrait être pour leur pays une cause de force, de prospérité ; quant à eux, ils se contentent de cultiver un peu de riz et de prendre du poisson pour leur nourriture quotidienne.

Le peuple cambogien va s'amoindrissant tous les jours ; peut-être aura-t-il bientôt disparu. C'est cependant une assez belle race que celle des Cambogiens : les hommes, dans ce pays, sont grands, forts et bien membrés ; ils paraissent beaucoup plus robustes que les Cochinchinois. Quand vous voyez un gentleman khmer, avec son toupet fièrement redressé, son beau langouti en soie, sa petite veste à boutons d'or, avec son cortége d'esclaves qui portent le parapluie (symbole de sa dignité), l'éventail, les cigarettes, la boîte à chiquer l'arec et le bétel, vous n'êtes pas sans avoir une idée assez favorable des Cambogiens.

Lorsqu'un mandarin voyage en barque, au-dessus du gouvernail, il a ses insignes (plumes de paon avec des espèces de hallebardes et des sonnettes qui s'agitent harmonieusement à chaque coup de rame). Il est rare qu'on ne voie aussi une figure de dragon gravée sur le bois de l'embarcation et peinte des plus brillantes couleurs. Quand on rencontre un mandarin, on le salue avec respect, on l'adore, comme disent les Cambogiens. Ces pauvres gens adorent beaucoup plus leurs bonzes : ils les saluent en s'asseyant à terre, les genoux l'un sur l'autre, et puis ils s'inclinent en levant les mains au front. Sur les barques des mandarins un peu distingués se trouvent plusieurs artistes jouant de quelque instrument de musique, flûte et flageollet, grand harmonica, dont les lames sont en bois très-dur, à défaut de verre ; j'ai aussi souvent entendu un instrument dont le son est assez analogue à celui de notre clarinette.

Les Cambogiens aiment la musique. Quelques-uns nous ont emprunté le violon et en jouent d'une façon assez agréable, beaucoup mieux que leurs voisins les Annamites. Ceux-ci ont aussi quelques instruments : l'un des plus curieux est un outil à trois cordes de laiton ; c'est le gros orteil qui est chargé de faire vibrer la plus grosse des trois cordes de cette lyre cochinchinoise. Les habitants du royaume Khmer sont encore supérieurs aux enfants d'Annam pour la musique vocale. On entend souvent ces derniers, en ramant sur le fleuve, chanter de leur voix nazillarde quelque refrain lubrique. Les Cambogiens n'ont pas, il est vrai, des chants beaucoup plus moraux, mais leur voix est plus claire et plus sonore, et leur langue se prête mieux à l'harmonie. Dans le palais de Sa Majesté Duong, premier du nom, il y a musique et théâtre au complet ; j'ai entrevu quelquefois, bien malgré moi, ses concubines qui simulaient des batailles des anciens héros de l'Inde.

Pour vêtement, les femmes cambogiennes ont un langouti qu'elles laissent presque toujours tomber comme un jupon; elles ont par-dessus, pour couvrir le haut du corps, une tunique qui ressemble assez à une chemise de femme d'Europe. Avant d'être mariées, les femmes ont les cheveux longs; elles les coupent quand elles sont en puissance de mari.

Le teint des Cambogiens est plus foncé que celui des Cochinchinois; il y en a même qui sont presque noirs: ce sont les seuls, dit-on, qui soient de race pure; les autres ont le sang mélangé avec celui des Chinois ou des Annamites.

Quant à la cuisine cambogienne, elle ressemble à la cuisine cochinchinoise; elle est peut-être encore plus mauvaise. Les doigts servent ordinairement de cuiller et de fourchette; on emploie parfois les bâtonnets.

Les poids et mesures sont à peu près les mêmes qu'en Cochinchine. La monnaie est aussi la même. Cependant, il y a quelques années, le roi a fait frapper des pièces d'argent comme les nôtres; mais elles sont d'assez mauvais aloi. Lorsqu'il était question de faire cette nouvelle monnaie, le roi me demanda combien il y avait d'alliage dans notre argent; je lui répondis qu'il y en avait un dixième: « Ce » n'est point assez, me dit-il; j'en mettrai » au moins trois dixièmes. » Avec ce système il fera de jolis bénéfices, à moins que les étrangers, comme je l'ai ouï dire, ne veuillent pas recevoir ses piastres; cependant, de gré ou de force, il faut que les Cambogiens les acceptent.

Au Camboge, le roi exerce un pouvoir absolu; quelques mandarins néanmoins ne sont pas sans influence. Il y a d'abord le *chufca*, sorte de second roi; ensuite le *somdach* ou diacre, troisième dignitaire du royaume; le *luc crehom* (seigneur rouge), le *luc iom reach* (seigneur des pleurs ou ministre de la justice) et quelques autres *luc* qui résident à la cour. Les trois ou quatre grands mandarins qui gouvernent les principales provinces ont aussi une grande autorité. Le roi tient souvent conseil. J'ai assisté à l'une de ces assemblées: tous les mandarins et autres dignitaires étaient couchés à plat ventre, osant à peine lever un peu la tête; ils écoutaient maître Duong et ne lui faisaient que de rares observations. Les mandarins viennent tous les ans prêter serment au roi. Ce serment consiste à boire de l'eau sur laquelle les bonzes ont fait toutes sortes d'imprécations, en appelant sur le sujet infidèle tous les malheurs imaginables.

Sauf ce que je vais dire, la division du temps est la même qu'en Cochinchine. Février est ordinairement le premier mois de l'année annamite, tandis que l'année cambogienne commence vers le mois de mars. Les Cochinchinois païens ne connaissent pas non plus la division par semaines; ils comptent, selon leur nombre, les jours du mois; mais les Cambogiens divisent le mois en semaines de sept jours. Ce qu'il y a de particulier, c'est que plusieurs de leurs noms de jours correspondent aux nôtres; ainsi, *thngay-atut* (le jour du soleil) correspond à notre dimanche, *thngay-chan* (le jour de la lune), au lundi.

La langue cambogienne n'est point, comme l'annamite, monosyllabique et chantante. Elle ne s'écrit pas avec un grand nombre d'hiéroglyphes comme le chinois et les dialectes qui en dérivent ; on la parle *recto tono ;* elle n'est pas désagréable, quoiqu'elle ait un certain nombre de fortes aspirations et des mots un peu durs : il est beaucoup plus facile de l'apprendre que le cochinchinois. La langue cambogienne a un grand nombre de mots qui varient, suivant que l'on parle à un prêtre, ou à un homme en dignité, ou au roi : la langue que l'on doit parler en conversant avec Sa Majesté forme presque un dialecte différent, tant il y a de mots étrangers à la langue vulgaire.

La religion du royaume Khmer est le bouddhisme, non pas tel qu'il a été réformé au Thibet il y a quelques siècles, mais l'ancien bouddhisme, tel à peu près qu'on l'enseigne à Ceylan. Je dis à peu près, car, bien que les grands bonzes prétendent que leur doctrine est la vraie doctrine bali, il y a sans doute quelques variantes, puisque, même au Camboge, l'enseignement n'est pas identique dans toutes les pagodes.

Dans ce pays, les pagodes sont très-nombreuses : c'est là que les enfants vont apprendre les caractères. En Cochinchine, des maîtres d'école laïques gagnent leur vie en enseignant la jeunesse, tandis qu'au Camboge l'instruction est entre les mains des prêtres. Tous ceux qui savent lire ont été les élèves des bonzes et ont été bonzes eux-mêmes, car les enfants revêtent l'habit jaune-orange quand ils font leurs études à la pagode. C'est en grande partie ce système d'éducation qui produit le grand attachement des Cambogiens pour le bouddhisme.

Le dieu des Chinois et des Annamites est leur ventre, mais il n'en est point ainsi des habitants de l'illustre royaume Khmer : *Sommonocudom*, nom qu'ils donnent à Bouddha, est en grande vénération parmi eux et ses prêtres sont les oracles du pays.

Il y a au Camboge plusieurs livres sacrés où sont contenus les dogmes de la religion. Ces livres disent que Sommonocudom eut pour père un certain *Srey-Suthut* et pour mère une femme du nom de *Maha Meia*. Neang Sonthorea, qui prit naissance dans le calice d'une fleur de nénuphar, fut la femme du dieu. Toutes sortes d'aventures plus ou moins saugrenues sont racontées, dans les livres sacrés, au sujet des différentes transmigrations de Sommonocudom. Il lui arriva une fois, pour avoir une fille riche en mariage, de faire usage d'une certaine médecine qui allongea d'une coudée le nez de cette fille ; il eut, étant poisson, oiseau tavau, écureuil, différentes aventures dont il n'est pas séant de parler; enfin, pendant une transmigration, menant la vie de singe, il fut étranglé par un tigre. Dans une des dernières transmigrations de Sommonocudom, disent certains bouddhistes, le dieu passa de vie à trépas d'une manière moins tragique, mais fort peu édifiante et indigne d'un si saint personnage : il mourut d'indigestion pour avoir mangé outre mesure de la chair de pourceau.

Les livres sacrés sont remplis de drôleries qui font rire les adorateurs de Sommonocudom eux-mêmes, lorsqu'aux grands jours de fête les bonzes lisent dans les pagodes les faits et gestes de leur dieu. Au reste, ces jours-là, les indigènes ne tiennent pas à s'édifier le moins du monde : tout ce qu'ils cherchent, c'est une certaine harmonie de langage qui se trouve dans ces livres et qu'ils admirent beaucoup : « *Piro nas !* » (Que c'est harmonieux !), disent-ils. Les Cambogiens, malgré leur grand respect pour Sommonocudom, ne le regardent pas cependant comme le comble de la perfection, de la sainteté; beaucoup d'entre eux croient qu'il sera remplacé un jour par *Pra Seyar ;* d'autres disent par *Tivéatot*, son frère aîné. Celui-ci, à l'époque où il était sur la terre, maltraita beaucoup son frère puîné, et, pour ce méfait, il a été crucifié au fond des enfers ; mais, par la suite, après de nombreuses transmigrations et de longues pénitences, il surpassera en sainteté et en puissance Sommonocudom lui-même.

Des bonzes m'ont demandé quelquefois si les chrétiens n'adoraient pas Tivéatot : ma réponse négative étonnait beaucoup ces prêtres idolâtres et ne paraissait pas les convaincre entièrement. La guerre que Tivéatot fit à Bouddha rappellerait-elle une lutte entre le christianisme et le bouddhisme aux premiers siècles de notre ère ?

Quoique certains bouddhistes attendent Tivéatot, ce dieu futur du monde n'en est pas moins maintenant fort peu à son aise, disent quelques livres sacrés. Il a été précipité tout vivant au milieu du *noroc avichey* (enfer éternel), expression contradictoire avec la doctrine bouddhique. Là, sa tête est recouverte d'une chaudière rougie au feu, qui descend jusque sur ses épaules; ses pieds sont enfoncés jusqu'à la cheville dans la terre brûlante; une grande broche de fer, passant du couchant au levant, lui entre par les épaules et sort par la poitrine; une autre, qui va du midi au nord, lui perce les flancs de part en part; une troisième lui pénètre par la tête et empale tout le corps; enfin, chacune de ces broches étant solidement fixée dans les parois de l'enfer, le malheureux Tivéatot est contraint à demeurer immobile.

Ces pauvres Asiatiques, comme nous le voyons, n'ont pas même une idée tant soit peu exacte de la divinité. Ils disent qu'avant leur

Bouddha actuel il y avait des dieux puissants et qu'après lui il y en aura encore : le bouddhisme n'est au fond qu'un panthéisme déguisé.

Tout être, au moyen de la métempsycose, peut arriver, par des mérites accumulés durant des siècles, à un haut degré de perfection et surpasser en sainteté les dieux antérieurs eux-mêmes. Ce système de la métempsycose est une roue fatale qui entraîne les existences dans un cercle mille fois répété. Les livres sacrés semblent faire une imperfection de l'existence même, après avoir passé par toutes les transmigrations possibles et y avoir accumulé mérites sur mérites. Ils peignent les grands saints, les bonzes parfaits, dans une paix complète, dans un état sans nom et comme anéantis. J'ai vu deux vieux bonzes qui préludaient sur la terre à ce genre de vie, espérant bien le continuer dans les siècles futurs. Ils menaient alternativement, durant quinze jours, la vie la plus solitaire, immobiles comme les statues de leurs dieux, les yeux baissés, méditant sur les mérites de Sommonocudom et récitant des prières sans fin.

Au Camboge, on admet l'existence des anges dans la religion ; mais l'idée qu'on se fait de ces esprits bienheureux est toute différente de la nôtre : selon les Cambogiens, le soleil, la lune, la terre, le feu, le vent, la pluie, le riz, sont des personnages supérieurs auxquels ils donnent la vie, des anges puissants qu'il faut invoquer. Ces personnages divins ont eu, de même que Sommonocudom, toutes sortes d'aventures dans leurs transmigrations, aventures qu'il n'est pas non plus convenable de raconter. Lorsqu'il y a éclipse de lune, les Cambogiens disent qu'on essaie là-haut de faire une grande indécence, et, pour l'empêcher, ils frappent au milieu de la nuit leurs poêlons et leurs marmites à tour de bras.

Les Cambogiens croient tous fermement à l'existence des démons. Il y en a peu qui ne vous disent qu'ils ont vu le diable ou du moins qu'ils ont été témoins de phénomènes causés par sa puissance. Ils craignent et respectent les démons plus que Bouddha lui-même. Quelqu'un est-il malade, aussitôt on appelle le sorcier, qui évoque l'esprit, cherche à l'apaiser et à lui faire abandonner le corps du malade. Des chrétiens m'ont assuré que l'on voyait de ces sorciers véritablement possédés. Ils me racontaient aussi que, plusieurs fois, l'un d'eux s'étant trouvé dans des maisons où l'on évoquait le diable, le sorcier avait dit qu'il ne pouvait rien faire parce qu'il y avait là un *neac tis* (étranger). Alors on priait le chrétien de se retirer, et puis le sorcier pouvait procéder à ses évocations.

Les bouddhistes admettent dans l'homme l'existence d'une substance spirituelle, de l'âme. Ils croient, comme nous l'avons dit, à la métempsycose : les âmes passent par un grand nombre d'existences différentes pour se purifier, pour être punies ou récompensées. Elles sont punies, étant reléguées dans le corps des animaux les plus vils ; elles sont récompensées par des existences glorieuses selon leurs mérites. Quoique, dans certains passages des livres sacrés, l'on semble reconnaître l'éternité des peines et des récompenses, en général les bouddhistes n'y croient pas : le plus grand coquin peut, selon eux, à la suite de nombreuses transmigrations, s'élever par ses mérites jusqu'aux honneurs divins.

Au dire des Cambogiens, le meilleur moyen pour acquérir des mérites, c'est de faire l'aumône aux bonzes; leur religion consiste même presque uniquement en cela. Ce que l'on recommande aussi beaucoup à ceux qui veulent devenir saints, c'est de ne point tuer d'animaux. Dans une de nos visites à la vieille mère du roi, cette dame faisait des missionnaires français le plus grand éloge, disant que nous étions des hommes vénérables ; mais cependant elle était choquée de ce que les prêtres ne craignaient pas de tuer les animaux : nous essayâmes inutilement de la convaincre qu'agir ainsi n'était pas une faute. Malgré cela, nous nous quittâmes bons amis, et elle souhaita à chacun de nous dix mille ans de vie. Je reçus d'elle en cadeau, quelques jours après, une belle pièce de soie.

Cette bonne vieille, borgne et presque aveugle, ne manque pas de mérite. Elle a beaucoup d'influence sur son fils, qui lui témoigne le plus grand respect. Il est remarquable qu'en

Orient, généralement, les femmes, comme épouses, n'ont aucune autorité; mais, comme mères, elles sont honorées et quelquefois toutes puissantes. J'eus aussi des discussions avec le roi du Camboge au sujet de la défense de tuer les animaux. Il me disait qu'il ne voudrait jamais ôter la vie à un animal quelconque. « Eh bien ! lui demandais-je alors, pourquoi » mangez-vous de la chair? C'est à cause de » vous que l'on tue les animaux servis sur vo- » tre table; vous êtes donc coupable de leur » mort. » Ce raisonnement l'embarrassait un peu, mais il ne persistait pas moins dans son sentiment.

C'est fête au Camboge quand on est en pleine et en nouvelle lune ; il y a aussi quelques jours de fête plus solennels. A certaines époques, on va laver l'idole, on nettoie la pagode et l'on porte du sable alentour : autant de grains de sable apportés, autant de péchés effacés. Les bonzes, dans ces solennités, racontent les aventures de Sommonocudom. Au reste, l'enseignement de ces prêtres païens est nul. Donnez-leur exactement l'aumône, comblez-les de présents, venez souvent faire brûler de petits bâtons odorants devant l'idole, et vous serez sauvés. Les bonzes ne passent dans la pagode qu'un laps de temps plus ou moins long, selon leur dévotion. Quand ils croient avoir fait assez de bonnes œuvres, ils retournent au milieu du siècle, sauf à reprendre plus tard l'habit jaune. On rencontre néanmoins quelques-uns de ces prêtres qui n'ont pas quitté leur pagode et ont toujours vécu dans le célibat.

Je vais maintenant dire un mot de l'histoire du christianisme au Camboge, où il ne paraît pas avoir été jamais sérieusement persécuté : le glaive n'était pas nécessaire pour éloigner les Cambogiens de la sublime doctrine du Christ; leur mollesse et leur indifférence ont toujours été une garantie suffisante contre le prosélytisme.

Les dominicains Loup Cardoso et Jean Madeira ont évangélisé le Camboge vers le milieu du XVIe siècle; quelque temps après, le P. Diego Advarte y passa avant d'entrer en Cochinchine. Au commencement du XVIIe siècle, des Pères jésuites et des religieux d'autres ordres apparaissent également au Camboge. La prédication de ces hommes apostoliques n'a pas donné beaucoup de résultats. Néanmoins, comme il se forma alors, dans ce pays, une colonie portugaise, — débris de celle de Macassar échappée en partie à la révolte des indigènes de Célèbes et au glaive des Hollandais, — autour de ces familles portugaises se groupèrent un certain nombre de chrétiens.

A l'époque de la persécution du Japon, beaucoup de fidèles, fuyant cette contrée malheureuse, vinrent se fixer dans les royaumes voisins. Les exilés se dirigèrent en partie vers le Camboge : le nom de rivière japonaise donné à l'un des bras du Mêkhong confirme ce fait. Des Cambogiens chrétiens, habitants de Pinhalu, m'ont fait remarquer, dans un village voisin, des familles qu'ils disaient descendre des Japonais. Ces familles avaient apostasié depuis longtemps.

Vers le milieu du XVIIIe siècle, qui paraît avoir été l'époque la plus florissante de la chrétienté du Camboge, on y comptait environ 1,500 néophytes, mélange de sang portugais, annamite, japonais, chinois et cambogien. Aujourd'hui, le nombre des chrétiens, dans ce royaume, s'élève seulement à six ou sept cents.

Afin de donner une idée aussi exacte que possible des travaux des missionnaires au Camboge, je vais citer quelques fragments de lettres fort intéressantes de MM. Pigneaux, Levavasseur, Faulet et Leclerc.

Lettre de M. Pigneaux.

« Caucao, 3 juillet 1767.

» .... Je suis ici dans un endroit bien solitaire, où je prends soin, avec deux de mes confrères, d'une quarantaine de jeunes gens, Siamois, Chinois, Cochinchinois, Tongkinois, etc., que nous élevons et auxquels nous enseignons ce qui est nécessaire pour en faire des prêtres. Ces pauvres enfants, qui demeuraient autrefois à Siam, ont été obligés de fuir à cause de la guerre et de se retirer dans ce désert, d'où nous ne voyons que la mer, des montagnes et des forêts immenses. Si j'avais plus de loisir, il me serait facile de vivre aussi inconnu et aussi tranquille que les premiers Pères du désert. Nos enfants nous ont bâti une chaumière pour nous mettre à l'abri des injures de l'air ; le bon Dieu nous y remplit de consolations par leur ferveur, et il est évident qu'il protége ce petit troupeau d'une manière bien spéciale. Il y a trois jours, est arrivé un de nos confrères, qui est resté à Siam pendant les trois ans que le siége a duré. La misère a été alors si grande, dans cette ville, qu'on y mangeait des cadavres brûlés. »

Lettre de M. Levavasseur.

« Camboge, province de Compongsoai, 1770.

» .... Le 16 avril 1768, après une traversée des plus heureuses, nous découvrîmes les terres de Bassac, qui sont très-basses, et, comme l'eau nous manquait, nous mouillâmes à la vue de l'embouchure du Mécon. C'est le passage le plus difficile pour les bâtiments d'une certaine grandeur. Nous n'entrâmes dans le fleuve que le 17 au soir, et, le 18 au matin, nous le remontâmes à la faveur de la marée, puis nous mouillâmes dans la rade de Bassac. Cette ville n'est pas située sur le bord de la mer comme l'indiquent certaines cartes, qui, pour le dire en passant, sont toutes extrêmement inexactes, surtout en ce qui concerne le Camboge intérieur. En remontant la branche occidentale du Mécon, à environ trois lieues au-dessus de l'embouchure, on trouve à gauche un petit canal. C'est sur ce canal, à une lieue de distance de son point de jonction avec le grand fleuve, qu'est située la ville de Bassac, qui peut avoir une petite demi-lieue de long sur cent pas de large. Le sol de cette ville ressemble à l'endroit d'une forêt où l'on a fait une coupe de bois. Ses maisons, faites de branches d'arbres à peine émondées et entrelacées de branches de cocotier, diffèrent peu de celles de nos charbonniers : l'enceinte et le toit sont exactement dans le même genre. Une natte, qui recouvre une estrade faite de branches d'arbres, sert à recevoir la compagnie ; elle est à peu près le seul ornement des maisons. Les habitants de Bassac sont pour la plupart Chinois, tous marchands ou bateliers. Il est facile de se procurer du riz, des fruits, des légumes, de la volaille, de la viande de porc et du poisson. L'eau que l'on boit dans cette ville n'est pas bonne : elle est saumâtre ; nous en fûmes incommodés, moi et plusieurs des Chinois avec lesquels nous étions venus. Le port de Bassac n'est autre que le canal, dans lequel il y a si peu d'eau que les bateaux un peu grands n'y sont à flot qu'à la marée haute.

» .... Ce ne fut que le 28 avril que nous pûmes enfin être assurés d'un bateau pour continuer notre route. Le 3 mai, nous arrivâmes à un canal qui conduit du côté de Cancao. Cet endroit est appelé Motchruc par les Cambogiens. Le 14, nous mouillâmes à Columpé ou Phnompenh. Le 15, en remontant la rivière qui sort du grand lac, nous aperçûmes à notre gauche une grande croix. A la vue de ce signe sacré, nous ne balançâmes pas à descendre à terre. Bientôt nous vîmes venir à nous M. Hyacinthe, prêtre portugais qui dessert la chrétienté de ce village, appelé Tonol (Pinhalu). Nous continuâmes ensuite notre route et nous arrivâmes le même jour à Pambrichom, qui n'est éloigné de Tonol que d'environ deux lieues. On nous conduisit à Mgr Piguel, évêque de Canathe, qui nous attendait sur la place avec un grand nombre de chrétiens assemblés.

» Le 22, jour de la Pentecôte, je reçus de Mgr de Canathe ma mission pour prêcher la foi aux Cambogiens, car, bien qu'il y ait depuis longtemps, dans ce royaume, des chrétiens portugais et des missionnaires, les naturels du pays n'ont point encore été éclairés de son divin flambeau. La cause d'un aussi long retard, c'est que les Cambogiens sont d'une indifférence étonnante : ils écoutent, ils avouent que notre sainte religion est bonne; mais ils ne vont pas plus loin et restent ensevelis dans l'indolence. Monseigneur décida que j'irais dans la province de Compongsoai pour m'y appliquer à l'étude de la langue et pour administrer trois familles chrétiennes qui y demeurent. Je ne partis que le 22 septembre. Pour aller à ma destination, il aurait fallu remonter la rivière de la cour jusqu'à plus de quarante lieues; mais, l'inondation ayant permis que notre bateau passât au travers des campagnes, j'arrivai en trois jours. Je descendis d'abord à Compongthom, village considérable où il y a une famille chrétienne, mais ne pratiquant plus aucun exercice de religion.

» .... M'étant fixé à Kuc-Nguon, dans la province de Compongsoai, je me livrai à l'étude de la langue. Après bien des efforts inutiles pour me procurer un champ sur lequel je désirais bâtir une église et une maison, j'étais enfin parvenu à réussir par le crédit d'un de ces religieux du pays, à qui les Cambogiens donnent le nom d'hommes à bonnes œuvres. Le religieux employa, à mon insu, un moyen infaillible : ce fut de me faire passer pour un géant qui aurait dévoré cet homme s'il ne m'avait cédé son champ. Les Cambogiens ne voulurent pas d'abord me vendre un terrain, parce que, dirent-ils, c'est un péché de vendre la terre ; on ne peut que l'échanger. Le 19 juin 1769, je bénis ma nouvelle église et la plaçai sous l'invocation de la très-sainte et immaculée vierge Marie, mère de Dieu. J'arborai ensuite devant l'église l'étendard de la croix....»

Autre lettre de M. Levavasseur.

« Même date.

Dans cette lettre, M. Levavasseur, après avoir dit comment un de ses confrères, M. Juguet, était mort en revenant du Stiêng, rapporte ainsi la relation que ce missionnaire lui fit de son voyage avant de tomber dans le délire :

« .... Étant arrivé au village de Chelang, — c'est M. Juguet qui parle, — je cherchai en vain du monde pour me conduire au Stiêng. C'est pourquoi, afin de ne pas manquer mon voyage, je résolus de m'abandonner à la divine Providence : je ne pris qu'un jeune Cambogien pour m'accompagner. Nous marchâmes pendant quatre jours au milieu d'un vaste désert, rempli de tigres, de rhinocéros, d'éléphants et de buffles sauvages. N'ayant rencontré que la trace de leurs pieds, nous arrivâmes heureusement le cinquième jour au premier village du Stiêng, nommé Saat, où nous demeurâmes sept jours. J'aurais voulu aller plus loin ; mais, n'ayant trouvé personne pour me conduire, je dus y renoncer : je ne pouvais toujours marcher seul à l'aventure. Durant mon séjour dans ce village, je n'eus rien de mieux à faire que de prendre note de tout ce que je remarquai.

» Bientôt il arriva un seigneur accompagné de plusieurs personnes. J'entrai en conversation avec les nouveaux venus. Ces gens venaient de l'intérieur du pays. Ils me parlèrent les premiers de la religion et me demandèrent en langue cambogienne si je connaissais *Ta-Jout*, objet de leur adoration; puis ils me firent entendre que c'était un homme d'une taille si gigantesque, qu'un grand arbre lui servait de cure-dents; qu'il était unique, éternel, créateur de toutes choses. Je voyais alors ces braves gens peu éloignés de l'idée du vrai Dieu; mais il n'en fut pas de même quand ils ajoutèrent que ce dieu géant avait des femmes et qu'il mangeait énormément chaque jour. Je ne pus rien découvrir de plus sur leur religion.

» Les habitants du Stiêng sont polis et affables; mais il faut bien se garder de se jouer d'eux et de leur manquer de respect, si l'on ne veut être mis en esclavage. Ils exercent volontiers l'hospitalité et font part de ce qu'ils ont aux autres. Quand ils voient un objet qui leur fait plaisir, ils le demandent et il ne faut pas le leur refuser. Si on leur donne de plein gré quelque chose lorsqu'ils sont plusieurs, il faut donner à tous également. L'habillement des hommes est un étroit morceau de toile dont ils s'entourent les reins ; ils ont cependant des chemises sans manches et une ceinture de toile dont ils se servent de temps en temps, les jours de cérémonie ou quand le froid se fait sentir. Les femmes sont couvertes d'un morceau de toile depuis la ceinture jusqu'aux genoux ; elles mettent aussi assez souvent une chemise sans manches qui leur descend jusqu'à la ceinture. Leurs enfants sont nus jusqu'à l'âge de dix ou douze ans. Les habitants du Stiêng ne paraissent pas portés à la lubricité plus que les autres Indiens.... »

Lettre de M. Faulet,

« Camboge, 3 juin 1775.

» ..... Il y a quinze jours, nous partîmes,

MM. Levavasseur, Leclerc et moi, pour remonter le grand fleuve qui descend du Laos. Notre route a été longue, parce que nous allions contre le courant du fleuve.

» .... Enfin nous voilà arrivés à Chelang, où l'on a jugé à propos qu'un de nous se fixât. C'est sur moi que le sort est tombé. MM. Levavasseur et Leclerc se disposent à partir au premier jour pour Sombok ou Sombor, vers le Laos et le Phe-Nong. Le village de Chelang est situé sur le bord du grand fleuve nommé Mécon, à l'embouchure du ruisseau du Stiêng, dont l'eau a, dit-on, empoisonné M. Juguet. La plupart des habitants sont des Chinois sortis de Canton quand les Tartares s'emparèrent de la Chine. Ils sont habillés comme les anciens Chinois; ils parlent le cambogien et le cochinchinois. On y trouve aussi quelques Cambogiens, qui y ont une ou deux pagodes. Ce sont les talapoins, seigneurs de toutes ces provinces, qui nous ont assigné un terrain pour bâtir notre maison. Il se trouve ici seulement deux familles chrétiennes et elles sont fort pauvres.

» .... Je n'ai plus de confiance qu'en Dieu, au milieu de ce désert affreux et de ces terres de ténèbres. Mes deux confrères vont me quitter; j'avais un catéchiste, qui était après Dieu mon seul appui, et il m'a abandonné dans la route pour aller se marier, m'a-t-il dit.

» .... Un des plus grands obstacles à la prédication de l'Évangile, dans ces provinces, c'est la grande autorité des talapoins, qui, comme je l'ai dit, sont en partie seigneurs du pays.... »

Autre lettre de Mgr Pigneaux, évêque d'Adran.

« Camboge, 8 juin 1775.

» .... Je partis de Macao le 1er mars dernier. Nous arrivâmes le onzième jour à la vue de Bassac. De là, je me rendis à la capitale du Camboge. Le roi de ce pays, son associé à la couronne et deux des plus grands mandarins me firent remettre des présents à mon arrivée. Le premier ministre, sachant que je n'avais pas de bateau léger, m'envoya le sien pour aller faire mes visites. Lorsqu'il me reçut dans sa maison, il la fit orner de tout ce qu'il avait de plus beau et m'y prépara un siége élevé où il m'obligea de m'asseoir. Dans la visite que nous fîmes aux deux rois, M. Levavasseur parla beaucoup de religion. On peut dire que si les Cambogiens ne se font pas chrétiens, c'est plutôt par indifférence que par attachement pour leur religion.

» Après-demain, veille de la Trinité, je conférerai le sous-diaconat et les quatre ordres mineurs. Parmi les ordinands, il y a un nommé Pierre Langenois, natif de l'île de France, dont tout le monde paraît fort content..... »

Lettre de M. Leclerc.

« Camboge, 26 juillet 1776.

« ..... Mgr l'évêque d'Adran nous a envoyés l'année dernière dans la partie supérieure du Camboge : nous avons laissé M. Faulet à Chelang, et nous avons été, M. Levavasseur et moi, jusqu'à Sambor, pour tâcher de trouver quelque endroit sûr où l'on puisse bâtir un collége et pour voir en même temps si nous trouverions dans les habitants quelque disposi tion à entendre l'Évangile. M. Faulet, étant tombé dangereusement malade à Chelang, a envoyé chercher M. Levavasseur, qui le ramena à la cour du roi pour y avoir les remèdes qu'on ne peut trouver ailleurs. Le pauvre missionnaire fut traité par monseigneur lui-même; il se rétablit bientôt à peu près. M. Levavasseur, à son tour, tombé malade d'une fièvre lente, fut obligé de rester à Pambrichom; monseigneur, après l'avoir guéri, lui donna le soin de cette chrétienté, faubourg de la ville royale, et renvoya M. Faulet à Chelang, pour de là passer au Stiêng.

» Ce cher confrère était à peine de retour à Chelang, que la maladie le reprenait. Je descendis auprès de lui et j'eus le bonheur de le guérir. Aussitôt qu'il se sentit quelque force, il se prépara à remonter le ruisseau pour entrer dans le Stiêng, mission trop chère. Il partit après la saint Mathieu, seul avec un esclave païen et deux écoliers très-jeunes. Il est arrivé assez bien portant au premier village, nommé Saat, après avoir passé presque nu plusieurs ruisseaux profonds; mais sa santé n'a pas été de longue durée. Son esclave lui vola presque tout son argent, en sorte que, n'ayant plus de quoi acheter des provisions, le pauvre missionnaire a été obligé de vivre de concombres, de sel et de riz, pendant plusieurs mois. Pour comble de malheur, il eut une fièvre presque continuelle. Maintenant, il a l'estomac tellement délabré, qu'il ne peut supporter les nourritures les plus délicates.

» .... D'après le rapport de M. Faulet, les habitants du Stiêng sont simples et témoignent assez d'envie d'apprendre. Ils paient un tribut au roi du Camboge. Ils passent pour être grands chasseurs, bons laboureurs, mais fort peu ménagers. Ne réservant rien de ce qu'ils recueillent, ils se voient obligés, les trois quarts de l'année, de vivre de fruits, de feuilles et d'herbes des forêts. On a dans ce pays le vol en horreur. Cependant, les habitants de la partie supérieure ne se font pas scrupule de voler les femmes et les enfants de la partie inférieure, et ceux-ci agissent de même à leur égard. Ces peuplades n'habitent le même endroit que deux ou trois ans; elles bâtissent leurs cabanes au milieu des forêts et ne laissent qu'un passage fort étroit pour entrer dans le village et en sortir. On a grand soin de fermer ce passage pendant la nuit, tant à cause des éléphants, rhinocéros, tigres, buffles sauvages et autres bêtes féroces, que pour cacher sa retraite aux voleurs, qui inquiètent ces pauvres gens de temps en temps. La langue paraît facile; c'est un mélange de cochinchinois et de cambogien.

» .... La guerre de Cochinchine fait trembler le Camboge. Les politiques pensent que le roi de ce dernier pays ne reste point étranger à cette guerre civile, et que le fameux Kikric, actuellement à Bassac, connaît seul le dessein que ce prince a formé de se saisir du gouverneur de Cancao, protecteur de Mgr d'Adran et du collége. Quoi qu'il en soit, il paraît que le nouveau roi du Camboge était prêt à donner l'ordre de massacrer tous les Cochinchinois se trouvant dans ses états, si l'ancien roi, indigné de cette barbarie, n'eut interposé en leur faveur le peu d'autorité qu'il a encore. Tout est tranquille jusqu'à ce jour dans le Camboge;

on craint seulement que les deux autres rois ne se liguent contre le roi actuel et n'excitent une guerre civile. De quelque côté qu'on se tourne, ce pays promet peu de sûreté.

» .... La mission du Camboge ne donne guère d'espérance ; celle de Cochinchine, au contraire, paraît mûre : il ne manque que des ouvriers.... »

CHAPITRE VI.

Voyages à Battambang, à la ville et pagode d'Angcor. — Compong-luong. — Pambrichom. — Hutte consacrée à un génie protecteur. — Compongchhnéang. — Le Tonli-sap (grand lac). — Battambang. — Révolte d'un bonze. — Les ioc-pomat (preneurs de fiel d'homme). — Pagodes de Votek, de Bassete et de Banone. — Angcor. — Sa pagode. — Ruines de l'ancienne ville. — Le mi-prey (chef de la forêt). — Neac Ros, mon conducteur. — Retour à Pinhalu. — Départ pour Campot. — Campement près d'une pagode. — Une caravane. — Arrivée à Campot. — Effets de l'opium. — Caractère de mon domestique Khan. — Ma maison. — Repas chez un créole anglais.

Je vais tout d'abord raconter le voyage que j'ai fait, au mois de décembre 1850, à Battambang et à Angcor, deux provinces cambogiennes qui dépendent directement du roi de Siam.

Les vigoureux rameurs qui j'ai loués pour me conduire sont à leur poste; je descends dans ma barque. Elle est petite, mais jolie, toute neuve, et peinte des plus vives couleurs; sa blanche voile, fabriquée avec une pièce de coton anglais, fait envie à tous ceux qui la voient s'arrondir au vent du midi, car les indigènes ne se servent jamais que de voiles grossières en paille tressée; les insignes de mandarin — plumes de paon, sonnettes, tête de dragon — s'agitent au-dessus du gouvernail; deux gros yeux peints en tête de la barque doivent lui servir à distinguer son chemin. Les rameurs ont placé au fond de ma nacelle toutes mes provisions, sans oublier le pot d'eau-de-vie de riz, qui doit leur donner du courage dans les occasions difficiles. Tout étant prêt, nous partons.

La rivière ou plutôt le canal, qui va du grand lac à Phnompenh, en face du village chrétien, a au moins quatre ou cinq fois la largeur de la Seine à Paris. Au-dessous de Compongluong (Rivage du Roi), marché considérable, la rivière se divise et serpente autour d'une île d'environ une lieue de longueur. Vers la pointe nord-est de cette île, j'ai vu l'emplacement de l'ancien collége général des missions orientales. Ce collége, établi par Mgr Pigneaux, fut détruit durant les guerres civiles.

De l'autre côté de la rivière existait autrefois une chrétienté, qui a été le séjour de plusieurs évêques et de nombreux missionnaires. J'ai vu aussi le terrain occupé par l'ancienne église de Pambrichom. Maintenant, église, prêtres, chrétiens, tout a disparu ; une pagode de Bouddha s'élève au lieu du temple du Très-Haut, et les adorateurs du diable tiennent la place des disciples du vrai Dieu.....

Le soir même du jour de notre départ, nous arrivâmes au point de jonction de différents bras de la rivière. Là se trouve une petite hutte consacrée à je ne sais quel génie. Pendant la station que faisaient mes rameurs pour se reposer, nous vîmes passer deux barques qui présentèrent leurs hommages à la divinité du lieu ; l'une était montée par des Cochinchinois et l'autre par des Cambogiens. Ceux-là, peu fervents, se contentèrent de brûler quelques fusées en l'honneur du démon ; mais ces derniers descendirent à terre et le supplièrent à grands cris de les protéger, de leur donner du riz et du sel, et de les faire réussir dans leur commerce. Quand ces païens eurent fini leurs dévotions, ma nacelle se dirigea vers le petit réduit et mes gens s'emparèrent de deux beaux coqs qui avaient été offerts au diable. Dans l'intérieur de ce taudis étaient suspendus, à la paroi, du papier argenté et d'autres brimborions.

A deux ou trois lieues au-dessus de la cabane du génie, je remarquai, se promenant nonchalamment dans la rivière, un des nombreux crocodiles qui l'habitent. Lors de mon arrivée à Compongchhnéang, marché assez considérable où se fabriquent la plupart des marmites dont les Cambogiens et les Annamites se servent pour faire cuire leur riz, il y avait à l'ancre, près du rivage, une foule de barques chargées de ces ustensiles. Les pélicans nageaient alentour, sans trop de craintes; quelques faucons guettaient, du haut des airs, le poisson imprudent qui se jouait au milieu des flots; ils rasaient d'un vol rapide la surface de l'eau et saisissaient leur proie; le céryle pie, oiseau pêcheur fort joli, planait au-dessus de la rivière : je le voyais fondre comme une flèche sur le petit poisson qu'il venait d'apercevoir et l'emporter sur un arbre voisin pour le manger à l'aise. Cet oiseau est très-commun au Camboge ; il fait son nid dans des trous qu'il creuse sur le bord de la rivière.

Trois jours après avoir quitté Pinhalu, nous arrivâmes à l'entrée du grand lac. Cette mer d'eau douce, ou plutôt ce fleuve, comme l'appellent les Cambogiens, répandait fort avant dans les forêts voisines le trop-plein de ses eaux. Le lendemain, nous eûmes en vue les montagnes de Pursat où croît le cardamome. Bientôt nous arrivâmes à l'embouchure de la rivière qui arrose cette province. Un grand vent s'éleva alors et mes gens craignirent d'être submergés ; ils voulaient s'enfoncer dans les bois ; mais je m'y opposai : nous déployâmes la voile et nous voguâmes rapidement. Le catéchiste qui m'accompagnait eut le mal de mer. Le vent étant tombé après midi, mes chrétiens furent obligés de ramer, à leur grand déplaisir. Une brise favorable s'éleva le lendemain matin et nous fîmes bonne route. Ce jour-là, je tirai un coup de fusil sur une bande de pélicans, cigognes et plongeons ; quoique fort mauvais chasseur, je fis quatre victimes. Nous entrâmes dans la rivière de Battambang, après cette chasse merveilleuse; nous fûmes dès-lors à l'abri des tempêtes du grand lac. Enfin, nous abordâmes à une petite chrétienté administrée par mon confrère, M. Cordier.

La province de Battambang est fertile en riz, en fruits et en cardamome. Il y a soixante-dix ans, cette province, aussi bien que celle d'Angcor, dépendait du roi du Camboge; aujourd'hui, l'une et l'autre appartiennent aux Siamois. C'est dans les immenses forêts qui occupent la presque totalité de ces provinces que pullulent les buffles sauvages, les tigres, les éléphants, les rhinocéros. Les chrétiens de Battambang avaient tué un éléphant peu de temps avant mon arrivée; je mangeai plusieurs fois de sa chair, à laquelle je trouvai vraiment assez bon goût. Cet animal avait des défenses d'environ un pied et demi à deux pieds de long; les chrétiens les vendirent au missionnaire, bien qu'ils commissent un délit en le faisant, car, dans ce pays, l'ivoire appartient exclusivement au roi. La trompe et les pieds de l'éléphant sont des mets délicats. J'ai mangé aussi du chien, dont les Annamites sont très-friands, ainsi que du crocodile; mais je leur préfère la chair de l'éléphant.

Quand j'arrivai dans la province de Battambang, elle venait d'être le théâtre d'une tentative de révolte de la part d'un bonze fanatique, qui se faisait passer pour *Pra-Seyar* (le dieu qui doit, au dire de certains païens, remplacer Sommonocudom). Le second mandarin de la province était allé combattre le rebelle; mais, comme il pleuvait lorsqu'il le rencontra, les fusils à pierre de ses gens ne faisaient pas feu. Ainsi se vérifiait ce que le nouveau dieu avait dit à ses partisans : « Les » projectiles pleuveront autour de moi sans » m'atteindre. » Étonnés à cette vue, les crédules soldats étaient prêts à se prosterner devant Pra-Seyar et à le reconnaître pour chef. Le mandarin portait heureusement un fusil à piston qui lui avait été donné par un missionnaire : il le fit tirer sur ce vieux fanatique, qui, contrairement à sa prédiction, tomba percé de deux balles comme un simple mortel.

Un bruit très-répandu était encore venu augmenter les alarmes : on disait qu'il y avait dans ces parages des *ioc pomat* (preneurs de fiel d'homme). A mon arrivée, certaines gens paraissaient se défier de moi ; on craignait que je ne fusse un *ioc pomat*. Les Cambogiens se disaient à l'oreille, en confidence, que le roi faisait prendre le fiel pour le donner aux éléphants de guerre ; selon d'autres, les moins bienveillants pour moi, il le vendait aux Européens. Mes conducteurs étaient très-peu rassurés sur le compte des *ioc pomat*, et mon catéchiste se scandalisait fort de me voir rire de la frayeur de ces pauvres gens. Les Cambogiens et les Laociens, qui recueillent l'or dans les sables du haut de la rivière pour le roi de Siam, n'osaient plus s'aventurer au milieu des forêts, crainte de quelque malheur.

Sans redouter les preneurs de fiel, j'allai visiter trois anciennes pagodes dont les ruines offrent encore un beau coup d'œil. Ces pagodes sont celles de Votek, de Bassete et d Banone. Ce dernier temple bouddhique est situé sur une petite montagne, au bord de la rivière. Dans l'intérieur de la colline, il y a plusieurs grottes fort remarquables : les indigènes y vont chercher la science de l'avenir, qu'ils prétendent connaître en examinant la disposition des stalactites et des stalagmites de ces cavernes.

Pour apprécier la richesse et la civilisation de l'ancien royaume du Camboge, il faut aller à Angcor, de l'autre côté du grand lac, à un peu plus de deux journées de Battambang. C'est là seulement qu'on peut avoir une idée exacte de ce qu'a été autrefois le maha nocor Khmer. L'Orient moderne s'est endormi dans le plaisir et dans la mollesse, il ne compte plus dans notre siècle; l'Orient antique est la plage mytérieuse de la science sacerdotale et des ruines gigantesques.

Après avoir quitté la ville actuelle d'Angcor, je marchai, pendant plus d'une lieue, sur un sable brûlant qui mit mes pauvres pieds nus dans un triste état. Enfin, j'arrivai tout-à-coup, au sortir de la forêt, près d'une large chaussée de pierres de taille dont l'entrée était gardée par des lions de fantaisie. En suivant cette chaussée, qui traverse un étang où mangeait et se baignait un troupeau de buffles, je vis çà et là plusieurs petits kiosques en partie détruits; les ruines en révélaient encore l'ancienne élégance. Je passai plus loin sous deux galeries quadrangulaires assez étroites, couvertes de sculptures, puis je me trouvai devant la pagode proprement dite.

La pagode d'Angcor, assez bien conservée, mérite de figurer à côté de nos plus beaux monuments : c'est la merveille de la péninsule indo-chinoise. Ce temple bouddhique ne ressemble nullement à une église d'Europe. Le principal corps de bâtiment présente un carré parfait; à chaque angle s'élève une belle tour qui se termine en dôme, et, au milieu, se dresse une cinquième tour plus haute que les autres. De grandes galeries dont les murs sont décorés de sculptures réunissent toutes ces tours. Il faudrait connaître l'art du dessin pour donner une idée exacte de la pagode d'Angcor : c'est un genre d'architecture tout particulier. Malgré sa bizarrerie, je trouvai ce monument grandiose, magnifique.

J'ai déjà dit que l'enseignement public, la prédication, n'existait pas chez les adorateurs de Sommocudom : une pagode n'est donc pas un lieu où l'on vient pour être instruit. Il paraît que la pagode d'Angcor fut construite pour recevoir les livres sacrés venus de Ceylan. Sous la tour centrale, on voit une statue fort médiocre de Bouddha, donnée, dit-on, par le roi de Siam ; plusieurs autres statues de divinités indiennes, plus ou moins endommagées, reçoivent aussi, dans ce temple, les hommages des Cambogiens. Les pauvres idolâtres viennent, au jour des solennités, se prosterner devant tous ces monstres et brûler à leurs pieds des allumettes parfumées, tandis que les bonzes psalmodient leurs prières bali.

Ces prêtres païens n'habitent plus maintenant les galeries de l'ancien temple ; ils demeurent dans de chétives cabanes en bois et en paille, tout près du superbe monument élevé par leurs pères. Pendant que j'admirais ces restes de l'antique splendeur du Camboge, les bonzes, appelés à l'office par le gong et les tam-tam, allèrent réciter en bali des prières qu'ils ne comprenaient même pas.

Quand j'eus visité la pagode, je me dirigeai vers l'ancienne ville, autrefois séjour des rois. Bientôt je franchis les remparts qui subsistent encore et pénétrai dans l'enceinte, en passant sous une porte assez bien conservée. A environ une demi-lieue du mur d'enceinte, je trouvai des ruines immenses qu'on me dit être celles du palais royal. Le genre d'architecture paraît ressembler à celui de la pagode ; sur les murs, entièrement sculptés, je vis des combats d'éléphants, des hommes luttant avec la massue et la lance, d'autres tirant de l'arc et trois flèches en partant à la fois. Ces ruines ne sont pas les seules : l'intérieur de l'ancienne ville en est couvert. Tout ce que j'ai remarqué à Angcor me prouve, jusqu'à l'évidence, que le Camboge a été autrefois riche, civilisé et beaucoup plus peuplé qu'il ne l'est actuellement; mais toutes ces richesses ont disparu, cette civilisation est éteinte. Aujourd'hui, une épaisse forêt remplit l'enceinte de l'ancienne capitale et des arbres gigantesques croissent au milieu des palais en ruine. Il est peu de sensations plus tristes que celles qu'on éprouve en voyant déserts des lieux qui ont été jadis le théâtre de scènes de gloire et de plaisir....

En réfléchissant sur les vanités du monde, je gagnai la maison du *mi prey* (chef de la forêt), qui voulut bien me donner, ainsi qu'à mes compagnons, l'hospitalité pour la nuit. Je me promenai, au déclin du jour, près de cette petite maison, qui s'élevait sur le même sol où avaient autrefois brillé les demeures splendides des princes du Camboge. Rêvant au passé, je vis le soleil se coucher derrière les grands arbres de la forêt : je comparais alors les teintes que la nuit effaçait dans le paysage à celles de la vie des peuples quand la gloire et l'espérance cessent de lui prêter la magie de leurs couleurs.

Pendant ma promenade sentimentale, je ne voyais pas au bout du sentier une Cambogienne qu'épouvantait sans doute ma longue barbe et mon aspect étranger : elle n'osait aller plus loin ; il fallut que mes gens lui criassent de ne point avoir peur, disant que j'étais un *luc sangkreach* (seigneur prêtre).

La fraîcheur de la nuit m'obligea de regagner le toit de mon hôte. Ce *mi prey*, qui était un fort brave homme, nous fit un bon accueil. Entre autres choses, il nous offrit, dans un nœud de bambou, de l'eau de palmier à sucre tout nouvellement recueillie de la tige de cet arbre. Ce pauvre Cambogien, fort superstitieux comme tous ses compatriotes, voulait savoir si le coin de la forêt où il avait fixé sa demeure était un lieu propice. Nous lui dîmes que, la terre paraissant fertile aux environs de son habitation, ce devait être assurément un endroit favorable; mais le bonhomme attendait plus de notre science divinatoire. Néanmoins, nous nous quittâmes le lendemain bons amis.

Je partis d'Angcor le même jour, et, le lendemain, je voguais sur le grand lac. Favorisé par le vent et par le courant, je regagnai en peu de temps la chrétienté de Pinhalu.

La rapidité avec laquelle je fis ce trajet eut aussi pour cause le dépit de mon conducteur en chef, le brave Neac Ros, l'un des meilleurs chrétiens que j'aie connus au Camboge, et fils d'un métis portugais, nommé Monteiro, qui, après avoir été premier ministre du père du roi régnant, fut décapité pour ses méfaits. Cet homme se flattait d'être assez habile tireur. Cependant, en voguant sur le grand lac, il ajusta plusieurs plongeons et les manqua tous. Nous étions alors suivis de près par une grande barque, montée par des bonzes, sur laquelle se trouvait un chef de pagode allant en pèlerinage à Phnompenh et à Kiensoai. Les bonzes se moquèrent de mon conducteur, à cause de sa maladresse ; mais Neac Ros parut faire peu de cas de leurs plaisanteries. Toutefois, piqué sans doute des rires des habits jaunes, il ordonna aux rameurs de se diriger en ligne droite vers l'autre bord, que l'on apercevait à peine à l'horizon. Mes gens, tout en craignant un coup de vent qui aurait pu nous faire sombrer au milieu du lac, ramèrent vigoureusement vers le point indiqué.

Ordinairement, les Cambogiens dirigent leurs barques le long de la forêt, où ils trouvent un refuge en cas de grand vent ; mais aussi le voyage est beaucoup plus long, parce qu'il faut suivre les sinuosités du rivage. Je ne mis que trois jours pour aller de l'embouchure de la petite rivière d'Angcor à Pinhalu.

Je restai dans cette chrétienté pendant quelque temps, étudiant la langue cambogienne et aidant à administrer les néophytes d'Annam qui s'y trouvaient; puis je me disposai à partir pour Campot.

Les premiers mois de l'année sont dans ces contrées les plus beaux, les plus agréables : il ne fait point encore très-chaud; il ne pleut pas, et cependant on rencontre assez facilement de l'eau dans les forêts. Plus tard, au mois de mars et au mois d'avril, lorsqu'on voyage par terre, on court le risque de mourir de soif, et les éléphants, très-difficiles sur la qualité de l'eau, deviennent furieux s'ils restent plusieurs jours sans boire, comme cela arrive souvent.

Pour mon voyage à Campot, j'achetai deux éléphants mâles. Le plus petit avait deux jolis ivoires; l'autre n'en avait pas : ils valaient tous deux cinq à six cents francs. C'étaient de mauvaises bêtes qui me firent plus d'un tour. Le petit surtout était rusé ; il savait fort bien se débarrasser de ses entraves et puis il prenait la clef des champs. Lorsqu'on grimpait sur le dos de cet éléphant, il fallait faire attention à soi, car il essayait souvent de saisir avec sa trompe les jambes de celui qui était assez hardi pour le monter. Une fois entre autres, il attrappa l'habit d'un catéchiste et le perça avec ses défenses ; il en aurait probablement fait autant à l'homme s'il l'avait eu à sa disposition.

Ayant fait tous les préparatifs de voyage, je partis avec mes éléphants, leurs deux cornacs et quatre autres chrétiens. La première journée fut charmante : j'étais au milieu d'un bois planté comme un parc anglais ; les arbres assez espacés laissaient ma vue pénétrer au loin ; j'aperçus quelques chevreuils ; je vis aussi une troupe de paons s'envoler devant moi, et puis c'était l'époque où s'épanouissaient les fleurs des forêts : les odeurs les plus suaves embaumaient l'air. Le soir, nous campâmes près d'un étang. On mit les entraves aux pieds des éléphants et on leur laissa la liberté de chercher leur nourriture. Mes conducteurs placèrent sur un trépied fait avec du bois vert la marmite de riz et les quelques morceaux de poisson sec dont se composait notre repas. Après le souper, ayant pris une tasse de thé sans sucre, je me promenai longtemps à la clarté de la lune, dont le disque pâle se reflétait dans l'eau du marais voisin. J'allai ensuite me placer dans ma niche d'éléphant, où je ne pouvais pas m'étendre fort à l'aise, parce qu'elle était trop étroite. J'aurais néanmoins dormi assez bien, si le cri du tigre, que j'entendis fort distinctement au milieu de la nuit, n'avait excité en moi une petite appréhension.

Nous voyagions de compagnie avec quelques païens, dont les chariots, chargés de tabac et de riz qui devaient être échangés à Campot contre du calicot anglais, étaient traînés par des bœufs et des buffles. J'exprimai au vieillard, chef de cette bande, mes craintes de voir le tigre venir nous faire visite et enlever peut-être quelques-uns de ses animaux : « Seigneur prêtre, me dit-il en se prosternant devant moi, je vous adore et reconnais votre science profonde; mais ne craignez rien. Je

» suis allé tout-à-l'heure, en fumant ma ciga-
» rette, invoquer le *neac ta* (l'ancien ou le gé-
» nie) de ce lieu ; il nous protégera, nous et
» nos bêtes. » Désirant raisonner avec le bonhomme, je lui fis part du peu de confiance que m'inspirait son *neac ta;* mais il ne voulut rien entendre, poussa quelques bouffées de tabac et s'endormit tranquillement. Tout le monde ronflant à qui mieux mieux, je fus obligé de me lever plusieurs fois pour entretenir le feu qu'on avait cru devoir allumer, nonobstant la protection du *neac ta*, afin que les tigres se tinssent à distance de notre petite caravane : on dit que ces bêtes féroces s'éloignent à la vue du feu.

Le lendemain, au point du jour, on alla chercher les éléphants pour les charger et se mettre en route. Le petit s'était échappé ; on fut obligé de suivre sa piste. Je campai le jour suivant au bord du Prec-Tenot (rivière des Palmiers à sucre). Cette rivière, qui avait alors à peine quelques pouces d'eau, s'enfle et devient très-considérable à l'époque de la saison des pluies. Plus nous approchions de Campot, plus l'eau était rare.

Vers le milieu de mon voyage, je campai une nuit sous de grands arbres plantés autour d'une pagode. Les bonzes faisaient leur office. Leur chant ressemblait beaucoup à notre psalmodie; il y avait plusieurs chœurs; la voix mélodieuse des petits enfants élevés dans ce temple se faisait entendre de temps en temps : je fus frappé de ces chants. Quand on aperçoit les prêtres bouddhistes en prières, avec leur tête rasée, avec leur vêtement qu'ils arrangent un peu à la façon des moines du moyen-âge, on est tenté de croire, comme certains orientalistes, que les chrétiens répandus dans la plus grande partie de l'Asie à la suite des conquérants tartares, successeurs de Gengiskhan, y ont laissé de nombreuses traces de christianisme. En faisant ces réflexions philosophiques, je m'endormis dans la cage de mon éléphant; j'entendis pendant longtemps encore, en sommeillant, le tam-tam et la grosse caisse des bonzes ainsi que les voix perçantes des petits enfants.

Deux jours avant d'arriver au but de notre voyage, nous rencontrâmes une assez nombreuse caravane, avec laquelle nous campâmes dans une petite plaine circulaire, environnée de bois de tous côtés. Je mourais de soif : nous n'avions trouvé le matin, dans l'étang près duquel on avait fait halte, qu'un liquide boueux et infecte. Du riz cuit de la veille composait tout mon repas, avec un peu de poisson salé et grillé sur les charbons : ma théière contenait heureusement encore quelques gouttes de thé. Arrivés dans la plaine où nous devions rencontrer de l'eau, je descendis rapidement de mon éléphant, et, pendant que mes gens le déchargeaient, je me dirigeai vers la fontaine, d'où je voyais revenir les Cambogiens, avec leurs marmites pleines d'un liquide qui ne paraissait point avoir la transparence du cristal. La source était presque tarie; cependant chacun voulait puiser à la fois. Pour plus de facilité, je fis dans le sable un trou de plus d'un pied de profondeur, et je le vis peu à peu se remplir d'une eau qui n'était sans doute pas très-fraîche, mais que l'on pouvait au moins boire sans répugnance en la faisant infuser avec du thé.

Le campement d'une caravane au milieu des forêts du Camboge offre toujours un singulier aspect. Ces bœufs, qui broutent l'herbe désséchée de la prairie, ces buffles qui vont se vautrer dans la fange, ces éléphants, qui, les pieds resserrés dans les entraves, avancent lentement et saisissent avec leur trompe des feuilles de bambou ; ce pêle-mêle de charrettes, de cages d'éléphant, de chariots à buffles, tout cela présente un coup d'œil bizarre. Assis sur une natte, je déguste quelques tasses d'un thé brûlant ; à dix pas de moi, un petit mandarin mahométan, de race malaise, ou plutôt Cham d'origine, fume gravement sa pipe ; plus loin, deux ou trois bonzes préparent leur riz du soir.

Nous arrivâmes enfin, non sans encombre. L'éléphant que je montais, ayant la marche très-dure, m'avait mis dans un fort mauvais état. Cet animal est en général une monture fort désagréable : on est ballotté sur son dos comme par le roulis d'un navire. Une fois à Campot, je n'étais pas encore au bout de mes maux, car, n'ayant pas de maison, je fus obligé de chercher un abri sur un grenier à riz. Je me trouvai alors dans une position assez triste ; mais je m'en consolai à la pensée salutaire des souffrances du divin Maître.

Campot est un petit marché situé sur une rivière qui se jette une lieue plus bas dans le golfe de Siam. Les environs de ce marché sont assez pittoresques : d'un côté, de grandes montagnes longeant le rivage de la mer, et, de l'autre, une belle plaine tout en rizières ombragées çà et là de plantations de palmiers à sucre, offrent un coup d'œil très-agréable. La population se compose de Chinois, d'Annamites et de Cambogiens fort adonnés au jeu et grands fumeurs d'opium.

Ma demeure était proche de celle d'un créole anglais de Malacca, agent d'un navire de Singapore. Je voyais quelquefois ce créole : nous nous entendions assez bien, quoique, pour faire une phrase, nous fussions souvent obligés de nous servir de mots de cinq à six langues. J'avais aussi pour voisin un Chinois qui tenait une maison de jeu et qui était en outre fabricant d'eau-de-vie de riz et marchand d'opium. On ne s'imagine point en Europe le mal que cette dernière drogue produit dans l'Asie orientale : c'est la cause de la démoralisation, de la ruine d'une multitude de Chinois et d'un bon nombre d'Annamites. Quand un homme a une fois contracté l'habitude de fumer l'opium, il s'en corrige très-rarement. Si cet homme a une nourriture substantielle, il pourra encore vivre longtemps ; mais si ses aliments sont insuffisants et de mauvaise qualité, il s'usera peu à peu et finira par tomber dans l'imbécillité et le marasme.

L'un de mes domestiques, nommé Khan, ancien comédien que j'avais instruit et baptisé, fut soupçonné par mes élèves d'aller quelquefois fumer l'opium avec un forgeron annamite, son ami, pauvre homme qui aurait bien voulu se corriger de cette habitude détestable, mais qui disait ne le pouvoir. Mon domestique nia énergiquement ; je ne voulus pas davantage approfondir la cause. Khan, hardi, grand bavard, fort intrigant et connaissant un peu plusieurs langues, m'était assez utile. Ce drôle, employé par moi comme cuisinier en chef, attirait, bien entendu à mon insu, les chiens du voisinage par quelque friandise, puis il les enfermait dans un coin pour les tuer et les manger au besoin. Un jour de Pentecôte, mes élèves désirant me régaler d'un gigot de chien, mon domestique saisit un de ces animaux qu'il engraissait depuis un certain temps et voulut lui couper la gorge; mais, le coup ayant été mal donné, le chien s'échappa, la tête à moitié séparée du tronc..... Khan se mit alors à crier « *Ong ba! Ong ba!* » (Aïeux! Aïeux!) Païen nouvellement converti, il avait encore quelque idée de métempsycose.

Ma nourriture habituelle consistait en poisson sec et en riz, qui, dans ce pays, remplace le pain. J'avais un poulailler assez bien monté, et l'on me servait de temps en temps un peu de viande de porc et de poisson de mer. Pendant les mois d'avril et de mai, j'achetais quelquefois aux Cambogiennes des fruits, ressemblant à des mirabelles, qu'elles recueillaient dans les forêts. L'eau qu'on boit à Campot durant les derniers mois de la saison sèche est détestable; j'y faisais infuser une grande quantité de thé, et encore n'était-elle pas buvable. Pour avoir de la bonne eau, il faudrait aller la chercher fort loin, au pied des montagnes.

La maison que j'habitais était assez gentille : de ma salle de réception, étendu sur ma natte, je voyais les bords de la rivière et les montagnes couvertes de bois, dont le sommet est souvent voilé, durant la saison des pluies, par un léger rideau de nuages. Pour la construction de ce bâtiment, j'avais traité à forfait avec des ouvriers, à raison d'une soixantaine de francs. A l'exception des feuilles pour les parois et des feuilles de palmier pour le toit, ils devaient tout me fournir, colonnes en bois dur, bambou, rotin, etc. Le toit, il paraît, avait un vice de construction, car, pendant les grands vents, les feuilles se retournaient sens dessus dessous et laissaient mon habitation à découvert ; c'était médiocrement agréable, surtout en temps de pluie.

Durant mon séjour à Campot, je fis quelques courses pour rompre la monotonie de ma vie. Tantôt, remontant la rivière, je me dirigeais vers les plantations de manguiers, de cocotiers et d'aréquiers; tantôt je descendais jusqu'à la mer et me promenais à marée basse sur un banc de sable. Entre l'île de Cotroll ou Phu-Quoc et le continent, la vue s'étend sur la pleine mer : on voit mourir dans le lointain les vagues blanchissantes du golfe de Siam; au-delà, les montagnes de cette île bornent l'horizon. La marée qui montait rapidement, venait interrompre ma promenade et mettre fin à mes rêves.... Je descendais alors dans ma nacelle et rentrais chez moi. J'allais aussi parfois faire un petit tour à pied vers les rizières. Un jour, je liai conversation avec un bon Cambogien, fabricant de sucre de palmier. Il me demanda si c'était un péché de manger des œufs. «Seigneur, me dit-il, ma conscience » n'est pas tranquille. Je viens d'entendre deux » bonzes très-savants discuter cette grave » question. L'un prétendait qu'on pouvait man» ger des œufs, et l'autre, plus scrupuleux » observateur de la loi, soutenait le contraire, » à cause du germe qui se trouve dans l'œuf et » qui a vraiment un principe de vie. Seigneur » prêtre européen, quel est votre avis?... »

Peu de temps avant mon départ de Campot, je fêtai avec le créole anglais, mon voisin, le jour anniversaire de la naissance du capitaine à qui appartenait le navire dont il était le gérant au Camboge. Après le repas, qui fut aussi confortable que le permettait notre position dans un pays à demi sauvage, mon Anglais fit un speech assez long. Je ne comprenais pas trop ce qu'il voulait dire; mais je faisais cependant les signes d'approbation qu'exigeait la politesse. Quand il eut fini, je débitai à mon tour un petit discours en français. Master Evans, qui savait encore moins de français que je ne connaissais d'anglais, était dans une position assez fausse, ne sachant s'il devait applaudir ou non. Malgré cela, nous nous quittâmes bons amis, en nous serrant cordialement la main.

Mes premières relations avec ce marchand furent assez pénibles : la froideur et la morgue britanniques m'avaient froissé; mais peu à peu nous fîmes connaissance et une agréable familiarité s'établit entre nous. Les antipathies nationales, qui subsistent toujours plus ou moins en Europe, cessent lorsqu'on est éloigné de la patrie de plusieurs milliers de lieues : à cette distance, les haines les plus enracinées s'effacent. Généralement, dans les colonies où je suis passé, j'ai vu les Européens isolés au milieu de peuples qui les jalousent et même qui les haïssent en secret, je les ai vus se soutenir les uns les autres et vivre en frères.

CHAPITRE VII.

Voyage dans le pays des sauvages Penongs. — Le grand mandarin de Chelang. — Mon entrée à Samboc. — Campement dans le désert. — Arrivée chez les Penongs. — Jour de gala à Putéang, un de leurs villages. — Comment je suis accueilli par ces sauvages. — Leur caractère, leurs mœurs et coutumes. — Passage d'un torrent. — Tinju. — Fièvre du désert. — Retour à Pinhalu. — Visite du roi du Camboge. — Séjour à Phnompenh. — Mon palais. — L'église de cette ville. — Mes paroissiens. — Un planteur chinois.

Au mois de septembre 1851, je fis un voyage d'exploration chez les sauvages habitants de la contrée, à demi déserte, située entre le Camboge et la Cochinchine. Ce voyage n'a pas eu tous les résultats que je désirais ; néanmoins, comme il intéressera peut-être le lecteur, je vais le raconter brièvement :

Parti de la chrétienté de Pinhalu, j'arrivai en quelques heures à Phnompenh. D'après mon itinéraire, je devais remonter le grand fleuve jusqu'à Samboc, avant-dernière province du Camboge de ce côté. Je fus sept jours à faire le voyage, car le courant était alors très-rapide. Arrivés à mi-chemin, les paresseux Cambogiens qui ramaient sur ma barque, se prétendant très-fatigués, firent usage de la lettre que le roi m'avait donnée pour obliger les riverains à me servir de rameurs. La plupart du temps, ces rameurs étaient des Cham mahométans, descendants des habitants du pays qu'on appelle sur les anciennes cartes royaume de Ciampa. Un grand nombre de Cham ont émigré au Camboge, sans doute à la suite de l'invasion de leur patrie par les Annamites. Les bords du fleuve sont garnis de nombreuses maisons de Chinois adonnés à la culture du coton. Cette plante croît très-bien dans les terrains sablonneux qui avoisinent le Mêkhong.

Je ne pus voir à Chelang, comme je l'espérais, le gouverneur général du pays; il était en tournée, dans une province située plus au nord. Sa première femme aurait désiré me parler, et elle me préparait déjà, me dirent mes gens, un cadeau de cire et de fruits ; mais je ne crus pas devoir lui rendre visite. A dix minutes de Chelang, à l'embouchure de la petite rivière qui vient du Stiêng, je tirai un coup de fusil sur une bande de pélicans : mes rameurs, réduits au poisson sec, savouraient d'avance l'odeur de la viande fraîche.... Mon fusil ne fit pas feu : adieu les pélicans.

Je rencontrai le grand mandarin à Creché. Il me reçut fort bien et me fit cadeau de la moitié d'un cochon et de trois sacs de riz. Ce mandarin, fils de Chinois et assez bel homme, tenait à faire valoir sa bonne mine. Pendant que je dînais sur son estrade, devant lui et toute sa suite, il changea deux ou trois fois d'habits, sans doute pour me faire voir la richesse de sa garde-robe, composée, en effet, de fort jolis vêtements en soie de Chine.

Enfin, j'arrivai à Samboc, chétif hameau où réside dans une chétive chaumière le gouverneur de cette petite province. Ce brave homme, du reste fort honnête, avait promis monts et merveilles lors d'une visite qu'il fit à Pinhalu en allant boire chez le roi l'eau du serment ; mais la réalité était loin de ses belles promesses.

Le gouverneur me reçut néanmoins avec beaucoup d'honneur. Il envoya au-devant de moi un de ses subalternes portant un grand parapluie rouge et plusieurs soldats armés de sabres et de hallebardes, entre lesquels je me redressais comme un triomphateur. Je fis cependant un petit solécisme dans cette occasion. J'avais une lettre du roi ; cette lettre, émanée de Sa Majesté elle-même, devait être traitée comme le roi en personne, et j'eus l'impolitesse de marcher avant la missive, que l'on portait avec respect derrière moi, sur un plat en cuivre. Ceci scandalisa un peu les Cambogiens. Quand j'entrai chez lui, le mandarin salua trois fois profondément la dépêche royale, puis il me présenta ses hommages et m'offrit des oranges pour me rafraîchir. Malgré sa bonne volonté et bien que le roi ainsi que le grand mandarin de Chelang, administrateur de tout le pays qui longe le Mêkhong, eussent ordonné de me fournir des éléphants, je fus quatre jours à en chercher, sans en trouver.

L'un disait que son éléphant était trop maigre ; l'autre, qu'il avait eu les pieds percés par un buffle furieux ; etc., etc. Enfin, le gouverneur mit la main sur l'éléphant d'un pauvre homme du voisinage. Je grimpai sur le dos de l'animal et partis aussitôt.

L'éléphant n'a pas une marche très-rapide ; cependant un homme ne pourrait le suivre. C'est une monture utile, principalement dans les terrains marécageux : son pied massif, taillé en colonne, se retire facilement de la fange des marais. La principale cause de retard lorsqu'on voyage avec ces animaux, c'est qu'ils ne peuvent marcher longtemps par une grande chaleur, surtout étant chargés. On s'arrête ordinairement vers dix ou onze heures avant midi, puis on ne repart que vers deux ou trois heures, et l'on campe à l'entrée de la nuit. Ces haltes sont non-seulement nécessaires aux animaux, mais encore aux hommes, car on ne trouve pas d'hôtellerie dans ces déserts et il faut faire sa cuisine soi-même.

Je restai plusieurs jours dans deux villages, à une ou deux journées du grand fleuve, attendant d'autres éléphants et des Cambogiens qui devaient m'escorter et me protéger contre les brigands Charai, sauvages très-redoutés, qui, selon mes craintifs conducteurs, pénètrent quelquefois jusque dans ces parages. Les habitants des villages, dans lesquels je séjournai plusieurs jours, souffraient alors de la disette. Cependant ces pauvres gens, suivant la coutume du pays, voulurent me faire un présent : ils m'offrirent un lézard d'un pied de long et une tasse de grains de millet. Les Cambogiens prétendaient que ce mets était très-savoureux ; je ne fus pas tout-à-fait de leur avis. Le millet, le riz de montagne et le maïs sont la principale nourriture des habitants des hautes terres ; c'est aussi presque l'unique aliment des sauvages.

Ayant quitté le dernier village cambogien, nous voyageâmes pendant trois jours au milieu des bois, sans voir aucune trace d'habitation humaine ; mais là, si les hommes manquent, les animaux sauvages abondent : chevreuils, cerfs, bœufs sauvages, éléphants, peuplent ces vastes solitudes. Le second jour de notre voyage dans le désert, mes gens avaient à peine terminé un petit abri en feuilles pour nous protéger contre la pluie, qu'un cri sauvage attira l'attention du petit mandarin qui était mon conducteur en chef. Aussitôt il prit son fusil; j'étais tenté de le suivre, mais les chrétiens qui m'accompagnaient me retinrent. Mon conducteur alla donc seul à la recherche de l'animal, et il reconnut bientôt que c'était un énorme éléphant femelle avec son petit; il lui envoya à la tête une balle, qui, à ce qu'il paraît, ne fit que l'égratigner un peu. Le lendemain, nous vîmes à deux reprises dix ou douze de ces énormes mais timides animaux.

Souvent, dans mon voyage à travers le désert, tandis que j'étais campé la nuit, pendant l'orage, sous mon petit abri de feuilles, l'eau tombant par torrents coulait à flots entre les branches sur lesquelles j'avais étendu ma natte, qu'elle atteignait même quelquefois. Alors, quand le vent balançait les arbres de la forêt, je prêtais l'oreille au bruit solennel du désert. Dans ces immenses solitudes, sur le bord des torrents et autour des étangs auprès desquels je campais, se trouvent beaucoup de cépées de bambou. Quelquefois, les sauvages voyageurs percent en plusieurs endroits les tiges de ce roseau des Indes, et, lorsque la brise se lève, lorsque son souffle puissant pénètre dans cette flûte gigantesque, elle tire de ce singulier instrument une sauvage et mélancolique harmonie. Celui qui, dans le silence de la forêt, a entendu ces accents féériques ne les oubliera jamais.

Au sortir du désert, nous arrivâmes dans un village de la tribu des sauvages Penongs ou Bunongs. Les habitants de ce village sont soumis au Camboge : l'impôt qu'ils doivent donner chaque année consiste en une écuelle de cire par ménage. La cire, la laque, un peu d'ivoire, tels sont les articles de commerce des Penongs. Il faut ajouter à leur trafic la vente des esclaves. En effet, ces sauvages s'épient et se surprennent souvent les uns les autres, et le pauvre diable pris au lacet est vendu aux Cambogiens.

Pendant mon voyage, on me proposa d'acheter un jeune homme de dix-huit à vingt ans pour quelques livres de tabac et de sel et pour de la verroterie. Le propriétaire tenait son esclave avec une petite ficelle, qu'il lui avait attachée au cou. Ce malheureux ne paraissait pas très-affligé de sa position; il accepta volontiers une cigarette que lui offrit mon conducteur, et il la fuma avec un air de parfaite insouciance.

L'un de mes gens faillit être pris par les Penongs pour s'être avancé seul assez loin de la caravane. C'est à mon domestique Khan que l'aventure arriva. Ce drôle, que j'avais racheté, endetté qu'il était par suite de quelques fredaines, et que mes confrères appelaient ironiquement *mon page, mon beau page*, avait les yeux louches et les jambes de travers; il n'était donc rien moins qu'élégant; de plus, un mensonge ne lui coûtait guère; mais, comme je l'ai dit, il me rendait quelques services. Je le réprimandai fortement de son imprudence, en le menaçant du rotin s'il recommençait.

Arrivé chez les Penongs, je n'entrai pas dans leur village, où il est difficile d'être admis à cause de la défiance des habitants. Je campai dans une hutte, au milieu d'un champ de riz de montagne. Je trouvai là un vieillard avec sa femme et un jeune garçon. Le maître du logis, qui parlait un peu le cambogien, vint m'offrir un coq blanc; il voulait aussi allumer deux bougies devant moi, me prenant sans doute pour un génie dont il désirait se concilier la faveur. J'acceptai son coq, mais je ne lui permis pas de faire brûler ses chandelles, que je garderais, lui dis-je, pour allumer ma pipe. Dès la tombée du jour, le vieillard, sa femme et son enfant montèrent sur un arbre très-élevé, au sommet duquel ils avaient établi une petite hutte, où ils passèrent la nuit dans la crainte du tigre. Quant à moi, je dormis tranquille à terre, dans la cabane, étendu sur ma natte.

Un jour après avoir quitté le canton tributaire du Camboge, j'arrivai vers le soir chez des sauvages indépendants. Ce qui me frappa d'abord, ce fut un concert musical dont les principaux instruments étaient des tam-tam de différentes grandeurs. Il y avait réunion nombreuse et fort bruyante dans la salle du concert. Je croyais alors que l'amour seul de la musique attirait les curieux en cet endroit;

mais je m'aperçus le lendemain que l'amour d'une liqueur fermentée, que les Penongs fabriquent avec du riz et certaines herbes, était pour beaucoup dans la réunion de la veille, qui continuait ce jour-là. Ces sauvages boivent et mangent abondamment tant que durent leurs provisions, puis ils meurent de faim le reste de l'année.

Voulant examiner de près ces pauvres gens, je me fis conduire à leurs cabanes. Leur hameau, appelé Putéang, est environné d'une forte palissade dont les moindres ouvertures sont fermées avec soin par de petits bambous épineux. Dans l'intérieur de cette petite forteresse je vis trois ou quatre longues cabanes; de chaque côté de la porte était placé un vase d'un pied et demi à deux pieds de haut, en terre vernissée, dont les sauvages font le plus grand cas.

J'entrai dans la cabane où les Penongs se trouvaient réunis; quoique je ne sois pas de taille gigantesque, il fallut me plier en deux pour pénétrer dans ce taudis. Il y avait ce jour-là gala chez nos sauvages. Les hommes étaient assis d'un côté et les femmes de l'autre. A ma vue, les Penongs ne furent pas sans crainte : ils se demandèrent les uns aux autres si je venais tramer quelque mauvais dessein pour m'emparer d'eux et les vendre ensuite comme esclaves. J'eus mille peines à les persuader du contraire ; un peu de tabac que je leur donnai et qu'ils se partagèrent entre eux tous, hommes et femmes, fit cependant la meilleure impression. Ils allèrent chercher une petite natte cambogienne, sur laquelle ils engagèrent à s'asseoir le *seigneur cambogien européen*, comme ils m'appelaient. Le président me dit que je pouvais rester là assis aussi longtemps que je voudrais et boire au grand vase de vin lorsqu'il me plairait. En conséquence et pour me rendre les sauvages encore plus favorables, j'allai goûter de ce vin ; j'en aspirai une gorgée par le petit tube de bambou fixé au haut de la jarre : il était assez bon et ressemblait beaucoup à la piquette que les pauvres gens de mon pays font avec des prunelles et des pommes de bois.

L'habillement des Penongs se composait

d'un morceau de toile, un peu plus large que la main, fixé autour des reins; deux ou trois des matadors portaient de plus un habit cambogien. Le président de l'assemblée, vieillard d'un aspect qui me rappela involontairement les anciens Caraïbes, mangeurs d'hommes, de Robinson Crusoé, avait à sa ceinture un grand nombre de grelots et de petites sonnettes. L'habit des femmes consistait en une toile d'un pied à un pied et demi de large, roulée autour des reins. L'habillement de ces peuples est donc bien peu de chose; mais il n'en est pas de même de la parure. La verroterie qu'ils arrangent en colliers et en couronnes, le laiton dont ils s'entourent les bras et les jambes — ce qui les fait ressembler à nos vieux chevaliers avec leurs brassards et leurs cuissards, — l'étain dont ils se fabriquent des boucles qui font retomber le lobe inférieur de l'oreille jusque sur les épaules, les dents de tigre en collier et bien d'autres bagatelles, tout cela sert à parer les coquettes Penones et même messieurs les Penongs. Les Penones sont souvent les martyres de la coquetterie, car leurs brassards en gros laiton, très-pesants et à demeure, ne pouvant s'enlever facilement, produisent des maladies de la peau qui finissent quelquefois par engendrer de dangereux ulcères.

Les sauvages portent les cheveux longs comme les Annamites. Ils se cassent les dents de devant pour ne pas, disent-ils, ressembler aux singes. Leurs habitations sont communes et divisées en un certain nombre de cellules ; chaque ménage habite une de ces cellules : c'est un commencement de socialisme.

Ces peuplades indépendantes n'ont aucune forme de gouvernement ; il n'y a pas de chef proprement dit : tous sont égaux. Il paraît néanmoins, au dire de mes conducteurs, qu'il existe plus au nord, chez les Charai, un homme qu'on appelle *le Roi du feu et de l'eau.* C'est un sauvage comme un autre, qui n'a en réalité aucune autorité, mais qui est entouré d'un certain respect : il garde un glaive et des insignes auxquels on attache une importance superstitieuse ; les rois du Camboge et de Cochinchine, m'a-t-on assuré, lui envoient des présents tous les trois ans. Ce sauvage serait-il le descendant des anciens rois? Serait-il le chef de cette race aborigène qui a été refoulée dans les montagnes, d'un côté par les Annamites et de l'autre par les Cambogiens?

Les Penongs n'ont pas à proprement parler de religion. Ils croient à certains génies, à certains diables, qui habitent les forêts et les montagnes; ils paraissent avoir quelque idée de l'immortalité de l'âme. J'ai rencontré sur les bords de plusieurs torrents des sépultures qui étaient entretenues avec soin; des éléphants et des hommes, sans doute des esclaves, sculptés grossièrement, semblaient veiller autour de ces tombeaux.

Les sauvages ne parlent pas tous la même langue; il y a des dialectes assez différents, selon que les tribus sont plus ou moins éloignées les unes des autres. L'art d'écrire est inconnu aux Penongs; cependant il paraît qu'ils n'oublient rien de ce qui les intéresse. Un fils ou un petit-fils connaît fort bien les débiteurs de son père ou de son aïeul, et souvent il se montre créancier impitoyable.

On m'a cité un fait horrible touchant la

cruauté de ces sauvages. L'habitant le plus influent d'un village, près duquel était une station de missionnaires, avait à son service un neveu et une nièce auxquels il ne donnait qu'une nourriture insuffisante. Cet homme, s'étant aperçu que la jeune fille dérobait de temps en temps un peu de sel pour assaisonner ses chétifs aliments, entra dans une violente colère et aussitôt ordonna à son neveu de creuser une fosse, puis d'y enterrer sa sœur toute vive... Ce qui fut dit fut fait !

En ne comptant pas les Cham et les habitants du Stiêng, les principales tribus sont les Ra-Dê ou Moi-Dê, les Penongs, les Charai, les Proou, les Bannars, les Rongao, les Cédans, les Bannams. Le pays habité par les sauvages est un terrain un peu montagneux ; plus on se rapproche des provinces de la Moyenne-Cochinchine, plus les montagnes deviennent élevées. Cette contrée est entrecoupée par un grand nombre de torrents, qui souvent sont presque à sec, mais que deux ou trois jours d'une pluie continuelle suffisent pour remplir, et alors on ne les traverse pas sans difficulté.

Les Penongs sont nomades. Après être restés quelques années dans un canton, si un accident ou une maladie leur arrive, ils le quittent comme hanté par un mauvais génie; la terre épuisée les engage aussi à chercher un sol vierge et fécond. Ils ne se servent que de très-faibles instruments de fer, car ce métal est rare : ils cultivent ou plutôt ils écorchent la terre avec une espèce de petite houlette, et ils emploient une lame emmanchée au bout d'un long bâton pour couper les jeunes arbres et les broussailles qu'ils brûlent ensuite. On voit çà et là des champs de millet, de maïs et de riz de montagne assez bien cultivés. Les habitants de cette contrée ne connaissent pas l'usage des armes à feu, mais ils sont très-adroits à tirer de l'arc; dans quelque endroit qu'on les rencontre, ils ont toujours leur carquois garni de flèches; ils portent aussi souvent des hallebardes.

Ces sauvages ont le teint olivâtre, ils sont moins noirs que certains Cambogiens et l'on en voit peu qui soient piqués de la petite-vérole : lorsque cette maladie se déclare dans un village, tout le monde s'enfuit au milieu de la forêt en abandonnant les pauvres malades.

Je restai deux jours à Putéang, où se trouvent groupés six ou sept hameaux dont la population est assez nombreuse. J'habitais, avec ceux qui m'escortaient, un hangar situé près de la demeure d'un Cambogien, à une portée de fusil du village penong. Mon hôte, bien que marié à une Penone, était un homme à manières assez distinguées ; il avait été forcé de quitter son pays pour des méfaits qu'il n'avouait pas. Beaucoup de Cambogiens endettés et sous la vindicte des lois s'enfuient chez les sauvages, où ils se marient et finissent par s'établir. J'ai vu plusieurs de ces Cambogiens. Ils étaient loin d'être avancés en civilisation, et cependant, au milieu des Penongs plus sauvages qu'eux encore, ils m'apparaissaient comme des compatriotes, presque comme des frères : dans différentes circonstances où les Penongs semblaient me menacer, je dus à leurs avertissements d'éviter les mauvais desseins des sauvages.

Après ce séjour fait à Putéang, ayant été

rejoint par deux éléphants que m'envoyait le gouverneur de Sambor, je me remis en route. Nous avions à passer un cours d'eau des plus rapides : quand les éléphants furent sur le point d'entrer dans le torrent, mes gens prirent de l'arec et du bétel qu'ils jetèrent à l'eau en faisant des prostrations. Je me mis alors un peu en colère, leur criant que je ne voulais pas voir ceux qui m'accompagnaient pratiquer des superstitions. Ils me dirent qu'ils donnaient à manger au torrent pour l'apaiser; je me moquai d'eux et ils rirent de leur sottise. Malgré ces superstitions et peut-être à cause d'elles, nous ne pûmes traverser le cours d'eau en cet endroit; on enfonçait en vain les pointes de fer dans la tête des éléphants : les timides animaux ne voulaient point avancer. Nous remontâmes un peu plus haut et, quoique mes conducteurs se fussent abstenus de donner des vivres au génie du lieu, nous passâmes assez facilement.

Nous nous arrêtâmes, le soir, près d'un village situé sur le sommet d'un plateau, au pied duquel coule un torrent dont les bords escarpés ne furent pas, le lendemain, franchis sans peine par mes éléphants. Les Penongs de ce village passaient à tort ou à raison pour être de grands voleurs. En conséquence, mes conducteurs attachèrent nos animaux à des pieux fichés solidement en terre et se couchèrent alentour. Je me relevai plusieurs fois durant la nuit pour m'assurer que les éléphants n'étaient pas déliés et que mes gens veillaient : ceux-ci ronflaient tous à qui mieux mieux. Alors, je montai la garde moi-même. Je me promenai longtemps à la clarté de la lune : je la vis se lever derrière de grandes montagnes qui séparent la Moyenne-Cochinchine du pays des sauvages; elle monta lentement dans l'azur du ciel, répandant sa vague lumière sur ces déserts immenses. Tout était calme autour de moi ; je n'entendais que le bruit du torrent qui allait se perdre dans la solitude.

Deux jours après, j'arrivai à Tinju, où je trouvai un missionnaire européen et deux prêtres annamites. Là, une fièvre des plus violentes vint bientôt s'abattre sur moi. Je me hâtai alors de retourner au Camboge. On me hissa comme un paquet sur un éléphant, et, après neuf jours d'un voyage rapide, j'atteignis les bords du Mêkhong. De là, favorisé par un courant très-fort, je ne mis que deux jours et demi pour regagner Pinhalu. J'avais laissé, en partant, le niveau du fleuve assez bas et le rivage à sec; je trouvai au retour une belle inondation : l'eau monta encore beaucoup; elle s'éleva à plus de six pieds sous notre maison.

Ma fièvre du désert me réduisit presque à l'état d'un squelette : je crus en mourir. Les indigènes attribuent ces fièvres pernicieuses à la mauvaise qualité de l'eau qu'on est obligé de boire dans les montagnes et qui est empoisonnée par les feuilles mortes des forêts. L'étranger, dit-on, ne peut être entièrement guéri qu'en allant respirer l'air natal.

Pendant que j'étais en convalescence à Pinhalu, le roi du Camboge nous rendit visite, en revenant de ses pèlerinages aux pagodes célèbres du pays. Il voyageait sur une longue barque fort jolie, entièrement dorée et construite d'un seul tronc d'arbre. Sa Majesté monta dans notre maison, fouilla partout, espérant trouver des objets d'Europe à sa convenance. Lorsque le roi eut fait main basse sur quelques images et quelques statuettes, il vint s'installer sur notre *veranda* pour y respirer l'air frais du fleuve. Ayant aperçu un soufflet grossièrement fait, dont nous nous servions pour enflammer le petit foyer toujours placé là pour allumer les pipes, il en demanda l'usage. Quand on le lui eut indiqué, l'illustre monarque se donnait de l'air avec ce soufflet. Enfin, fatigué, il s'assit à rebours sur une chaise et une de ses femmes lui rendit ce service. Ong-Duong était tout heureux de ce mode de ventilation; il s'écriait avec un plaisir marqué : « *Sabai nas ! Sabai nas !!* » (Que c'est agréable ! Que c'est agréable !!)

Le roi avait à cette époque, près de notre chrétienté, un grand troupeau d'éléphants qui paissait dans la prairie et dans les bois voisins. Quelquefois ces animaux venaient manger les bananiers qui entouraient notre habitation. Une nuit, nous entendîmes des beuglements épouvantables à peu de distance de notre demeure : ces cris étaient poussés par deux éléphants à ivoire qui se battaient ; la lutte dura longtemps ; enfin, l'un fut percé. Il mourut le lendemain. Le cornac porta l'ivoire au roi ; quant à la chair, il la vendit aux chrétiens de Pinhalu.

Lorsque ma fièvre fut à peu près passée, ou plutôt quand je n'eus plus que de temps en temps de légers accès, je partis pour Phnom-penh.

Cette ville, je l'ai déjà dit, a été autrefois habitée par quelques monarques cambogiens. Le frère aîné du roi actuel y avait fixé son séjour ; on voit encore les fossés et les terrasses qui entouraient son palais. Un assemblage de petits pavillons en bois, de bicoques, voilà ce qui, au Camboge, sert de palais aux rois. A Phnompenh, presque toutes les maisons sont bâties en bambous. Ces roseaux, qui ont quelquefois cinquante centimètres de circonférence, brûlent, quand ils sont secs, comme des allumettes. Aussi, lorsque les marchands de bambous voient que le commerce ne va pas, ils mettent le feu à un coin du marché, et puis tout flambe en un clin d'œil. Pendant que j'occupais ce poste, je déménageai trois fois, crainte d'incendie ; je portais mon petit bagage au bout de mon jardin, dans un carré de cannes à sucre. Le quartier dévoré par les flammes est en quelques semaines couvert de nouvelles constructions, et le commerce se continue comme s'il n'était rien arrivé.

La plus grande quantité des marchandises que l'on vend à Phnompenh est transportée sur des bateaux. Il se fait aussi dans la plaine, à quelque distance de la ville, un commerce de riz et de volailles que les Cambogiens de l'intérieur amènent sur leurs chariots. J'allais là parfois avec mes élèves faire mes provisions ; je passais auprès de grands étangs, où des poules d'eau au plus brillant plumage se promenaient sur les feuilles de nénuphar. Grâce à mon fusil, je rapportais presque toujours quelques-uns de ces beaux et bons oiseaux, dont je préférais la chair à celle du chien, voire même à celle du crocodile.

A peine arrivé à Phnompenh, je reçus une lettre de ma famille ; je la lus bien des fois : c'était pour moi comme un ami que je rencontrais après une longue absence. On se plaignait de ce que mes lettres n'avaient pas tout l'intérêt qu'on en attendait ; qu'elles étaient bien loin de répondre à l'idée que l'on a de ce poétique Orient qui charme toutes les imaginations. Les régions intertropicales sont sans doute en général assez fertiles ; elles ont souvent une végétation luxuriante ; mais toutes les provinces n'en sont pas également magnifiques. Il n'y a même rien de plus prosaïque et de plus triste que certaines contrées ; plus d'une province au Camboge ne vaut pas mieux que la Champagne pouilleuse. On ne connaît pas l'hiver dans ce pays, il est vrai ; mais la saison sèche le remplace, et les plantes languissent et meurent souvent par le manque d'humidité, sinon par le froid. Quand les Cambogiens, après plusieurs mois de sécheresse, mettent le feu à une plaine, à une forêt, il n'y reste rien que la nudité du désert, sauf les arbres d'une certaine grosseur que la flamme n'a pu qu'effleurer.

Lorsque, comme je l'éprouvais alors, le cœur est triste, l'esprit sans aucune satisfaction, lorsque le corps, affaibli par les maladies, se penche vers la tombe, on est peu disposé à écrire. Cependant, pour faire diversion à mes peines, je confiais parfois au papier certains détails sur mon genre de vie et sur les mœurs de ceux qui m'entouraient. « Peut-être, me disais-je, ces notes intéresseront-elles les amis que j'ai laissés en France, si elles parviennent un jour jusqu'à eux. »

Je terminerai ce chapitre en transcrivant quelques pages d'une lettre que j'adressai de Phnompenh, au mois de mai 1852, à mes amis de France :

« ..... Parlons d'abord de mon palais : c'est un petit chalet bâti en bambous et en feuilles ; il n'entre pas un atome de fer dans sa construction ; ici le rotin tient la place du clou. On croira sans doute qu'avec de pareils matériaux il n'est pas possible de faire quelque chose de superbe ; cependant je trouve ma petite maison encore assez élégante. Les fourmis blanches ont malheureusement dévoré les bambous enfoncés en terre : aussi je crains qu'un coup de vent n'enlève ma maisonnette et moi avec. Mon hôtel est environné d'un petit jardin planté de grenadiers, d'orangers, de citronniers, d'anones, de papayers, de cocotiers, de manguiers et d'ananas; on y voit même un pied de caféier; un coin de ce petit jardin est planté en cannes à sucre. Que c'est beau! me dira-t-on, en savourant déjà sans doute en imagination les oranges, les grenades, les ananas. Mais, qu'on ne se presse pas tant : tous ces arbres et arbustes ne font que sortir de terre; je ne goûterai peut-être jamais de leurs fruits. Ici-bas, on plante, on travaille, on s'agite, et puis la mort vient : *Adieu veau, vache, cochon, couvée*, comme dit notre bon Lafontaine.

» Voici maintenant l'emploi de mon temps. Je me lève le matin au point du jour. Je m'occupe aussitôt de ma méditation et je dis ensuite la sainte messe dans une petite chapelle en bambous et en feuilles, vraie étable de Bethléem. Après l'action de grâces, j'étudie un peu les trois ou quatre langues qu'il est bon de savoir dans ce pays. Je déjeune vers neuf ou dix heures; puis j'étudie de nouveau ou bien je cause religion avec les visiteurs, ou bien encore je vais faire une visite à mes quelques chrétiens ou à des païens que je voudrais convertir; mais, malgré tous mes désirs, les conversions sont très-rares. Quelquefois, quand je suis fatigué, je fais la sieste dans l'après-midi. Le soir, vers cinq heures, je dîne après la récitation de mon bréviaire. C'est le moment le plus agréable de la journée : une douce fraîcheur remplace la chaleur étouffante du jour. Quand j'ai le cœur un peu content, je chante alors les airs si joyeux de ma jeunesse.

» Souvent, à l'approche de la nuit, je me dirige vers la petite montagne isolée qui domine Phnompenh et qui lui donne son nom. Je me promène là entre des tombeaux, autour d'une pagode en ruine; les rameaux desséchés de plusieurs grands arbres, qui jadis couvraient de leur ombre ce temple de Bouddha, servent d'asile, le soir, à quelque pélican solitaire. Parfois, je vois cinq ou six vautours rangés autour d'un corps en putréfaction (peut-être quelque débris humain). Une bande de corbeaux vient prendre sa part de cet horrible festin. La Providence a chargé ces animaux sinistres de l'assainissement du pays.

» Dans la direction de l'ouest et du nord-ouest j'aperçois de belles montagnes bleues ; mais ma pensée ne s'y arrête pas : elle vole vers vous, mes chers parents, mes bons amis ! On se tromperait fort si l'on croyait qu'à une telle distance de la patrie il soit facile de l'oublier. Avant de quitter la France, il me semblait qu'il ne me coûterait pas beaucoup de m'en éloigner pour toujours ; mais lorsque, près de Douvres, à bord du navire qui me menait aux Indes, j'aperçus pour la dernière fois les falaises de Calais qu'éclairait le soleil couchant, je sentis combien j'aimais ma patrie. Non, l'éloignement n'étouffe pas les sentiments du cœur ; il ne fait au contraire que les rendre plus vifs.

» Je rencontre quelquefois des bonzes dans mes promenades du soir sur la montagne de Phnompenh, autour de laquelle sont situés trois ou quatre couvents de ces prêtres idolâtres. Dernièrement j'en remarquai un au pied de la vieille pagode : enfermé de tous côtés par une petite palissade, il était là nuit et jour à arroser un arbre. Ce malheureux pensait, en agissant ainsi, acquérir de grands mérites pour une transmigration future : le pauvre aveugle !

» Dans la lettre que j'ai reçue il y a quelques jours, mes parents me parlent de *mes paroissiens*, de *mes bons paroissiens* : je voudrais en dire beaucoup de bien, mais c'est difficile pour ne pas mentir; et puis, des paroissiens proprement dits, je n'en ai pas, à moins de regarder comme tels les adorateurs de Bouddha, du diable et de Confucius. Or, tous ces gens ne peuvent être que des paroissiens en espérance. Il se trouve bien ici quelques Cochinchinois chrétiens, mais, pour la plupart, chrétiens de la pire espèce : vagabonds, joueurs, ivrognes, fumeurs d'opium; sept ou huit Chinois émigrants, nouveaux baptisés, et qui ne sont pas tous des modèles, viennent d'en augmenter le nombre. Plusieurs de ces Chinois défrichent un terrain situé sur le bord du fleuve, pour y planter du tabac, des patates, des cannes à sucre.

» Il y a, parmi ces émigrants du Céleste-Empire, un vieux bonhomme tout naïf et qui me plaît beaucoup ; je vais souvent causer avec lui après mon déjeuner. Je m'installe sur une petite estrade et nous nous entretenons de cette Chine tant vantée. Lors de mes premières visites, je fus distrait par une odeur fort peu agréable : je m'étais assis au-dessus du seau où le planteur déposait certains résidus, pour ensuite en arroser son tabac. Tout en approuvant la science agricole et la prudente économie de mon Chinois, je virai de bord et j'allai m'installer à l'autre bout de l'estrade.

» Je demandais un jour à ce vieux bonhomme comment les Chinois pouvaient être assez barbares pour délaisser et même faire périr leurs petites filles : « Oh ! Père, me » dit-il, sans nier et même sans paraître blâ» mer cette conduite féroce de ses compa» triotes, en Chine le riz est cher : les parents » ne peuvent nourrir tous leurs enfants.... » Lui-même avait eu des petites sœurs qui étaient mortes abandonnées pour cette raison ! Les Cambogiens ne donnent pas la mort à leurs enfants ; mais, sous d'autres points de vue, ils valent encore moins que les Chinois.... Que Dieu répande sur tous ces pauvres idolâtres les trésors de sa grâce, car elle seule peut changer leurs cœurs ensevelis dans le vice et la barbarie! »

CHAPITRE VIII.

Départ pour le Laos. — Mes guides. — Le gouverneur de Compong-Soai. — Un chariot au Camboge. — Les Cuy, premiers forgerons de ce pays. — Leur accueil. — Les *neac ta*. — Arrivée au Laos. — Village de La Queue-du-Bœuf. — Viengchan. — Attopei. — Laociens. — Missionnaires au Laos. — Je tombe malade et retourne à Pinhalu. — Vol à l'église de ce village. — Joueurs. — Mariage au Camboge.

Je partis pour le Laos au commencement de l'année 1853. Pour aller du Camboge dans ce pays, pendant la saison des pluies, quand les fleuves coulent à pleins bords, la route la plus ordinaire est le Mêkhong ; mais, pendant la saison sèche, à la fin de janvier, en février et en mars, le grand fleuve a très-peu d'eau, et son lit entre le Camboge et le Laos est rempli de rochers qui rendent la navigation assez dangereuse, même pour les petites barques. Je pris donc une autre direction.

Je fis voile pour le grand lac, et puis, y étant arrivé, je remontai la rivière qui arrose la province de Compongsoai. Nous trouvâmes dans certains endroits seulement trois ou quatre pouces d'eau; il fallait traîner la barque sur le sable de la rivière. Plusieurs grandes barques, n'ayant que deux ou trois rameurs, étaient obligées de s'arrêter là, faute de bras pour les traîner. Mes guides et rameurs, qui étaient au moins huit ou dix, fumaient tranquillement la cigarette, se gardant bien d'aller aider leurs compatriotes : moi, Européen simple et débonnaire, je leur disais d'aller secourir ces pauvres gens; mais ils faisaient la sourde oreille. M'indignant enfin de leur conduite, ils se mirent à me rire au nez, disant qu'ils seraient bien sots d'aider qui que ce soit s'ils n'y avaient quelque intérêt; je leur alléguai inutilement des raisons de charité, de générosité. Ils n'écoutèrent rien jusqu'à ce que les gens de la grande barque leur eussent apporté quatre-vingts œufs de tortue pour raviver un peu leur philanthropie ; ils allèrent alors donner un coup de main et la grande barque fut bientôt en pleine eau.

Ces œufs étaient gros comme ceux d'une poule ordinaire ; ils n'avaient point de coquille, mais seulement une pellicule : j'en mangeai pendant plusieurs jours. Mes compagnons de voyage prirent une tortue et m'en régalèrent aussi en la même occasion. Ces animaux amphibies abondent dans la rivière de Compongsoai. Ils creusent un trou dans le sable et y déposent leurs œufs ; les habitants du pays, qui ont l'habitude de les chercher à l'aide d'un bâton, en découvrent beaucoup.

Mes conducteurs ne savaient s'ils voulaient aller plus loin à cause du peu de profondeur de l'eau. Pendant qu'ils délibéraient à ce sujet, je sortis de ma barque pour prendre un bain de pied, et, en descendant dans l'eau, je sentis une multitude de petits poissons s'agiter autour de mes jambes. Durant les deux jours que je fus dans cette rivière, il passa presque continuellement de ces petits poissons, avec lesquels les Cambogiens font de l'huile; ils se trouvaient en telle quantité qu'on ne pouvait mettre le pied nulle part sans en écraser.

Une foule d'oiseaux étaient là, en cohortes serrées, pour faire la pêche : parmi eux, je remarquai le marabou, que dans l'Inde on appelle, je crois, philosophe, parce que cet oiseau a l'air un peu rêveur, des cigognes, des hérons, des pélicans et d'autres oiseaux un peu moins gros, presque blancs, sauf les plumes roses qui ornent l'extrémité de leurs ailes. Je tuai quelques-uns de ces volatiles et je me proposai de faire le soir, à la clarté de la lune, une chasse merveilleuse. A l'approche de la nuit, je me mis donc à suivre silencieusement le rivage ; mais quelques vedettes, m'apercevant sans doute, donnèrent l'éveil, et toute la bande s'envola.

En me promenant, j'attrapai une puce de sable, qui se fixa sur ma poitrine sans que je m'en aperçusse tout d'abord. Quelques jours après je ressentis de la fièvre : pour la calmer, je prenais force quinine, mais elle persistait. Enfin, en me palpant, je sentis sur ma poitrine une protubérance grosse comme l'extrémité du petit doigt : je l'examinai et je vis ma puce de sable, la tête enfoncée dans ma chair et se développant à vue d'œil à mes dépens. Je fis alors une ligature avec un fil de soie et je coupai en deux le vilain insecte ; mais la tête resta sans doute sous ma peau, car je souffris encore pendant assez longtemps des suites de cette malencontreuse piqûre.

Cinq jours après mon départ de Pinhalu, j'arrivai chez le gouverneur de la province de Compongsoai, qui a établi son séjour à Compongthom (Rivage-Grand). Je fus parfaitement accueilli. Ce mandarin, très-dévot et fort honnête homme, eut pour moi le plus grand respect. Il me fit donner à manger dans le le hangar qui lui servait de salle de réception et il se tint humblement à huit ou dix mètres de distance, pendant que je me régalais avec un plat de jeunes tiges de bambous hachées et un peu de viande de porc. Ayant aperçu, lorsque j'étais chez lui, des bonzes qui se dirigeaint vers sa maison, il leur fit dire de revenir une autre fois, dans la crainte d'une dispute de préséance entre eux et moi. Ce gouverneur nous donna une lettre pour nous procurer des moyens de transport et nous fournit des chariots à buffles, qui n'étaient rien moins que bien suspendus.

Le chariot est au Camboge quelque chose de tout-à-fait primitif : quatre planches en forment la charpente; une couverture en bambous tressés doit vous mettre à l'abri de la pluie et du soleil; les roues ont un grand nombre de rayons et ne sont pas garnies de cercles en fer; on leur laisse beaucoup de jeu pour qu'elles puissent sortir, sans être cassées, des ornières du chemin; l'essieu est ce qu'il y a de plus original dans toute cette construction : c'est une cheville de bois d'un pied et demi à deux pieds à peu près, grosse comme le pouce. Il est facile de comprendre que, lorsqu'une voiture est un peu chargée, la cheville est bientôt usée. Alors le véhicule tombe et l'équipage s'arrête; mais le voiturier n'en est pas plus embarrassé pour cela : il va au premier buisson et coupe un nouvel essieu, simple bâton qu'il écorce, redresse et fait un peu durcir au feu. C'est là sans doute un triste système de locomotion, mais le voyageur doit s'attendre à d'autres ennuis et souvent à des accidents, car le chemin qu'il suit n'a jamais été réparé depuis le commencement du monde; on n'y a jamais donné un coup de pioche. Tous ces contre-temps font perdre à l'Européen le peu de patience dont il est doué; mais le flegme de l'Asiatique est imperturbable : jamais aucun événement, quelque désagréable qu'il soit, ne fera marcher celui-ci d'un pas plus accéléré.

Après avoir cheminé pendant deux jours dans une plaine fort triste, brûlée par le soleil, où nous rencontrions seulement de loin en loin quelques pauvres hameaux cambogiens, nous arrivâmes dans un pays plus boisé. Nous traversâmes de magnifiques forêts, où j'aperçus un assez grand nombre d'arbres résineux ressemblant à notre pin d'Europe et dont les branches servent de torches aux indigènes.

Les habitants de ces forêts sont des Cuy, les premiers forgerons du Camboge. Ils tirent dans la montagne un minerai très-riche de fer aciéreux, avec lequel ils fabriquent des instruments d'agriculture, des couteaux et des sabres qui coupent fort bien. La plupart du temps ils forgent leur fer en lingots de trois ou quatre pouces de long. Au Laos, ces lingots de fer servent de monnaie. Pendant une halte que nous fîmes au milieu du jour pour laisser reposer nos buffles, j'allai examiner les procédés que les Cuy emploient pour obtenir du fer de première qualité. J'aperçus sous une misérable hutte un petit fourneau de cinq à six pieds de long sur trois ou quatre de large et deux ou trois de haut; le directeur de l'usine et son associé chargeaient leur appareil de mine et de charbon; puis, avec deux peaux de cerfs placées de chaque côté du fourneau, ils lui donnaient de l'air pour activer la combustion. Dans ce pays on peut être maître de forges à bon marché.

Les Cuy eurent pour moi le plus grand respect. Quoiqu'ils fussent dans la disette, ils m'apportèrent à chaque relai un peu de riz et me fournirent les plus beaux chariots qu'ils purent trouver. Ces chariots étaient bariolés de rouge et couverts du vernis noir le plus brillant. J'avais emporté un accordéon qui m'était récemment arrivé d'Europe : me trouvant un soir assis sur le bord d'un petit étang presque désséché, environné de plusieurs braves gens de ces forêts, je voulus leur donner une sérénade. En voyant mon instrument, les Cuy furent tout d'abord dans l'admiration, tant ils le trouvaient beau; mais quand ils en entendirent les sons doux et harmonieux, tous furent enchantés et écoutèrent avec un naïf plaisir. Ils préféraient de beaucoup, disaient-ils, mon accordéon à l'harmonica et à la flûte cambogienne. Après avoir séduit le cœur de mes sauvages par la musique, je leur parlai de religion pendant une partie de la nuit. Ils semblaient m'écouter avec intérêt : je me serais volontiers fixé au milieu d'eux; mais il fallait aller plus loin.

Dans mon voyage à travers ces belles forêts, je marchais souvent à pied, trouvant beaucoup plus agréable d'aller ainsi que d'être disloqué par les cahots de ma charrette. Un jour, marchant en avant de la caravane, je faillis mettre le pied sur un boa d'assez jolie taille : il pouvait être gros comme la jambe; ses mouvements étaient lents parce qu'il se trouvait sans doute engourdi. On sait que les boas, lorsqu'ils digèrent des proies d'un volume considérable, restent presque immobiles jusqu'à ce que leur digestion soit faite. Mes conducteurs tuèrent ce serpent pour en avoir le fiel, qu'ils disaient être une médecine en grande réputation.

Les deux principaux chrétiens qui m'accompagnaient avaient la prétention d'être des docteurs distingués. Chemin faisant, ils cherchaient des médecines et enlevaient l'écorce des arbres; ils auraient volontiers, je crois, pelé tous les arbres de la forêt. L'un d'eux, vieil ivrogne, venait souvent auprès de moi, se plaignant de grands maux de ventre et me demandant un peu d'eau-de-vie de riz pour se guérir; je le renvoyais alors à ses écorces d'arbre; mais cela ne faisait pas son affaire. Il se donnait parfois des airs de grandeur : il passait pour un haut et puissant seigneur auprès des pauvres habitants de ces forêts, qui s'approchaient de lui avec crainte et le saluaient jusqu'à terre; quand il faisait sa grosse voix, tous tremblaient devant lui.

Un jour cependant, les Cuy faillirent se révolter contre mon factotum. Nous nous étions arrêtés dans un caravansérail, au milieu des bois : nous vîmes dans cette hôtellerie du désert un beau coq blanc, qu'un pieux voyageur avait sans doute laissé là pour s'attirer la protection du *neac ta* du lieu; mes conducteurs voulaient s'en emparer pour le mettre à la broche, mais les murmures des païens les arrêtèrent dans leur projet. Les *neac ta* (hommes anciens), dont j'ai déjà parlé, sont des génies protecteurs que les habitants des forêts invoquent avec confiance. Une élévation de terrain, une pierre qui apparaît au milieu de la plaine, sont ordinairement considérées comme la résidence des *neac ta*. Ces croyances des païens de l'Indo-Chine n'ont-elles pas quelques rapports avec l'adoration des hauts lieux chez les Israélites? Ne seraient-elles pas un souvenir éloigné de ces traditions bibliques, qui nous représentent les patriarches élevant çà et là des autels, simples amas de pierres?

Pendant ce voyage je rencontrai peu d'animaux sauvages, parce qu'alors, époque de la saison sèche, tous s'étaient retirés dans les rares endroits où ils pouvaient trouver de l'eau. Je vis un grand nombre de paons, dont je ne pus approcher; j'en tirai deux, mais je les manquai. Le jour des Cendres, après vingt-un jours de marche, j'arrivai sur les bords du Mêkhong. Je mangeai pour mon dîner, à midi, une tasse de riz avec du sel; j'avais fait le mardi-gras avec une pareille tasse de riz et deux bananes vertes frites dans la poêle : le mardi-gras n'avait pas été, comme on le voit, beaucoup mieux fêté que le jour des Cendres. Après avoir longtemps cherché une petite barque pour remonter le fleuve, je parvins à m'en procurer une. Je recrutai ensuite un rameur, pauvre homme affligé d'un énorme éléphantiasis. Nous remontâmes le Mênam-Khong jusqu'à son confluent avec le Mênam-Sê, puis cette dernière rivière jusqu'au village de La Queue-du-Bœuf, où je trouvai deux de mes confrères qui m'avaient précédé de quelques mois au Laos.

La province de Stung-Trêng, dans laquelle je venais de pénétrer, dépendait autrefois du Camboge; les Siamois s'en sont emparés ainsi que de la plus grande partie de ce qui reste du Laos. Ce pays était jadis divisé en plusieurs souverainetés. Il y a encore actuellement à Bassac un roi qui reconnaît celui de Bangkok pour son suzerain. Viengchan — prononcez Viengtiane, — ville située à une grande distance au nord-ouest de Stung-Treng, en remontant le Mêkhong, a été autrefois la capitale d'un royaume laocien assez considérable.

A la fin du XVIIIe siècle, les rebelles de Cochinchine appelés Tay-Son, dont nous avons longuement parlé dans la notice sur le royaume d'Annam, pénétrèrent au Laos. Ils pensaient de là descendre au Camboge, puis dans la Basse-Cochinchine, pour y écraser Nguyen-Anh, descendant des anciens rois. Une armée siamoise arrêta les rebelles, déjà parvenus sur le territoire du Camboge : ils furent forcés de regagner leur pays. Les Laociens paraissent avoir, à cette époque, payé tribut aux Tay-Son, comme ils le payaient antérieurement aux rois du Tongking.

Il y a trente et quelques années, un général siamois en grand renom, appelé Chao-Kun, fameux aussi dans les guerres contre les Annamites et les Cambogiens, chassa du trône la dynastie laocienne qui régnait à Viengchan et s'empara du pays au nom du roi de Siam. Plusieurs princes laociens allèrent en vain demander aide et protection au roi de Cochinchine. Ils sont morts dans l'exil, à Huê, où ils s'étaient réfugiés.

Au sud-est de Viengchan, le Mêkhong reçoit un affluent considérable, le fleuve d'Ubone. La province d'Ubone est, m'a-t-on dit, abondante en mines de sel gemme. Au nord-est de cette province, il y a aussi des contrées montagneuses où se trouvent de riches mines de cuivre et de zinc; c'est là, il paraît, qu'on fabrique les meilleurs tam-tam. Dans certaines parties du Laos on recueille l'or dans le sable des rivières. J'ai vu plusieurs fois des gens d'Attopei me demander à échanger, contre du du fer ou du calicot, de la poudre d'or qu'ils avaient dans des tuyaux de plumes.

A deux ou trois jours de Stung-Treng on rencontre la province de Khong, dont le nom a été donné au grand fleuve. Entre Khong et

Stung-Treng, le cours du Mêkhong est barré par des rochers qui forment une cataracte. C'est là que les barques s'arrêtent pendant la saison sèche; pendant la saison des pluies, elles peuvent remonter à vide en suivant un canal qui contourne la cataracte. Le Mêkhong a, du reste, dans une grande partie de son cours, beaucoup de courants qui rendent la navigation très-difficile, surtout à l'époque des basses eaux; la navigation n'est facile et sans danger qu'à partir de Crechê, troisième province du Camboge en descendant le fleuve.

Le Laos est divisé en deux parties principales : l'une habitée par les *Ventres blancs*, c'est celle où j'ai séjourné pendant quelques mois; l'autre, située au nord de Siam, en remontant le fleuve de Bangkok, habitée par les *Ventres noirs*, qu'on appelle ainsi parce qu'ils se font des tatouages autour de l'ombilic. Les *Ventres noirs* ont été évangélisés; mais les missionnaires se sont vus obligés de quitter le pays sans y avoir fait de conversions au christianisme. On n'avait pas jusqu'alors évangélisé les *Ventres blancs*. Quelques-uns de ces Laociens, dans leurs voyages à Bangkok, avaient entendu, il est vrai, des missionnaires protestants et en avaient même reçu des livres de religion, car j'ai trouvé à Stung-Treng un abrégé de l'Évangile; mais toute leur science chrétienne se bornait à connaître le nom de *Pra-Jesu.*

Au mois d'août 1852, deux missionnaires, MM. Cordier et Beuret, furent envoyés au Laos. Ce dernier, peu de temps après son arrivée, mourut d'un accès de fièvre maligne. Son corps repose sous un manguier du désert, au bord du fleuve. Combien de fois, lui et moi, ne sommes-nous pas allés nous asseoir à l'ombre de ce même manguier!... Nous parlions alors de notre pays, de nos projets, de nos espérances...

Ces deux missionnaires furent d'abord assez mal accueillis. Le gouverneur de Stung-Treng et les autres autorités du lieu craignaient que ces étrangers ne leur portassent malheur. « S'ils meurent ici, disaient-ils, les Français » viendront nous faire la guerre pour venger » leur mort. » Certains marchands chinois, qui croyaient voir en eux des rivaux, cherchaient aussi à nuire aux missionnaires dans l'esprit des chefs de la province. On finit cependant par leur donner l'autorisation d'acheter une cabane et de s'y fixer. Mes confrères étaient encore là quand j'arrivai. Ils étudiaient la langue et commençaient à la bégayer. La langue laocienne ressemble beaucoup au siamois. Ce ne sont, pour ainsi dire, que deux dialectes très-peu différents. J'ai vu des Siamois, venus à Stung-Treng, se faire comprendre facilement sans avoir jamais étudié le laocien. Ces langues sont accentuées et toniques, et non point *recto tono* comme le cambogien ; mais les accents en sont beaucoup moins tranchés, beaucoup moins saillants que dans l'annamite.

Les habitants du Laos ont à peu près le même costume que ceux du Camboge : ils portent un langouti et quelquefois une petite veste. Les hommes se rasent avec soin le tour de la tête, laissant seulement les cheveux de la partie supérieure ; les femmes s'entourent les reins d'un langouti qu'elles laissent retomber comme un jupon. Elles ont généralement le haut du corps découvert, excepté les jeunes filles arrivées à l'âge de puberté, qui se voilent le sein. Les Laociens paraissent avoir plus de laisser-aller dans les mœurs que leurs voisins du Camboge. Ils sont d'un caractère assez doux ; cependant on m'a cité des cas de vengeance qui révèlent chez eux parfois beaucoup de férocité. L'un de nos voisins, venu pauvre de Chine, mais enrichi par le négoce et probablement par l'usure, a été percé d'une flèche dans son enclos. On n'a pu découvrir le coupable ; mais les soupçons planaient sur certaines gens qui avaient, disait-on, à se plaindre de ce Chinois.

Les Laociens ont le teint olivâtre ; ils sont bien faits et paraissent robustes ; la toilette semble leur donner beaucoup de soucis, surtout aux femmes. Celles-ci sont couvertes d'or : colliers, bracelets, anneaux aux doigts, épingles dans les cheveux, boucles d'oreilles, servent à leur parure. Le premier coup d'œil que je jetai sur les gens de ce pays me les fit croire très-riches ; mais il n'en est point ainsi : ces bijoux en or d'Attopei composent toute leur richesse, et ce métal est en général de qualité inférieure, peut-être par suite de fraude.

La province de Stung-Treng, où j'ai séjourné pendant quelques mois, m'a paru peu fertile. Ses habitants ont pour seule ressource un petit commerce qu'ils font avec le Camboge, d'où ils tirent des marchandises pour les colporter ensuite dans les autres parties du Laos. Dans le village de La Queue-du-Bœuf que nous habitions, il ne nous était pas facile de nous procurer des vivres; il y a bien là de jolies plantations de manguiers, de jacca, de cocotiers, et quelques mauvaises rizières, mais point de jardins à légumes. Le carême surtout fut difficile à passer; nous n'avions pour tout potage avec notre riz cuit à l'eau que des tranches de marsouin séchées au soleil et qui ressemblaient à des lanières de cuir; c'était pour nous un grand régal lorsque nous pouvions nous procurer quelques patates. Nous avions bien une douzaine de poules; mais notre principal domestique, ivrogne incorrigible qui nous abandonna plus tard, avalait la plupart de leurs œufs. Du reste, il est à remarquer que dans ce pays les poules ne pondent qu'un petit nombre d'œufs et couvent au bout de peu de jours. On nous apporta quelquefois des œufs de crocodile; j'en mangeai deux ou trois et je trouvai que c'était un médiocre régal. Pour faire diversion à notre régime de carême, nous avions de temps à autre quelques ragoûts avec la viande des pélicans et des plongeons que, M. Cordier et moi, nous allions chasser sur les bords du fleuve : la chair de ces volatiles était un peu coriace, mais qu'importe? *Ventre affamé n'a ni goût ni oreilles.*

Quand approcha la fête de Pâques, deux de mes confrères montèrent notre petite barque, avec l'intention d'acheter un porc, dont la chair devait remettre un peu nos estomacs délabrés par celle de marsouin. Le courant étant alors très-rapide, la nacelle alla donner contre un rocher, et mes confrères firent naufrage. L'un d'eux, qui savait très-bien nager, se tira facilement d'affaire, mais l'autre, mon excellent ami M. Cordier, but plus d'un coup; heureusement qu'il s'accrocha à la barque et put rester ainsi, tantôt flottant, tantôt disparaissant sous les flots; enfin l'on vint à son secours et il nous arriva sain et sauf.

Peu de temps auparavant, ce cher confrère avait couru un grand danger. Un tigre, venu tout près du village de La Queue-du-Bœuf, s'était caché dans un fourré, proche du cimetière. Ce brave ami en est averti par les Laociens : il prend aussitôt son fusil à deux coups et s'enfonce hardiment dans les broussailles. Tout-à-coup il voit le tigre à quelques pas de lui montrer ses dents blanches prêtes à le dévorer, agiter sa queue et se battre les flancs d'une façon sinistre. Mon confrère ne se déconcerte pas; il met en joue le terrible animal, appuie le doigt sur l'une des détentes, mais il se trompe : ce côté du fusil n'était point armé. Sur ce, dit la chronique, le tigre, effrayé du regard martial de mon ami, s'enfuit et court encore.

Quelque temps après, je mis encore à l'épreuve le courage de M. Cordier, qu'on avait surnommé *la terreur des tigres*. Comme ce cher confrère avait failli se noyer, ainsi que je l'ai dit plus haut, je voulus lui donner des leçons de natation. A cette époque, pour se baigner, il fallait aller assez loin dans le lit du fleuve, alors en grande partie à sec. Quand mon ami sut se tenir un peu sur l'eau, je l'engageai, afin qu'il eût plus de facilité, à nager dans des endroits profonds ; mais je ne pus l'y déterminer : il craignait qu'un crocodile ne vînt sans l'avertir lui enlever une jambe d'un coup de dent. « Lorsque je vois un ennemi en face, tigre » ou autre, me dit mon confrère, je ne crains » rien ; mais qu'un crocodile vienne sournoi- » sement me saisir au beau milieu de la » rivière ! Non !... »

Sur ces entrefaites j'eus une maladie bilieuse, sorte de choléra, qui m'affaiblit beaucoup. Nous étions à cette époque logés à l'extrémité du village, près de la forêt ; les chevreuils venaient brouter jusqu'au pied de notre maison ; les paons et les pélicans aimaient à se percher sur un grand arbre qui en était tout proche. Le voisinage de ces hôtes innocents des bois ne nous inspirait aucune crainte ; mais il n'en était pas de même du tigre, qui venait faire visite à nos poules et qui aurait bien pu m'appréhender au corps lorsque ma maladie me forçait la nuit à mettre le nez dehors : il n'aurait fait du reste qu'un médiocre repas, car je n'avais que les os et la peau.

J'étais encore malade quand se présenta une occasion pour retourner au Camboge ; j'en profitai. Je m'embarquai sur le Mênam-Sê, qui coulait à pleins bords et dont la largeur est dans cet endroit, je crois, de plus d'un kilomètre. Une heure à peine après avoir quitté le village de La Queue-du-Bœuf, j'entrai dans le Mênam-Kong, roulant alors une masse d'eau énorme. Ce fleuve avait la rapidité d'un torrent : mes rameurs pouvaient à peine gouverner la barque et nous faillîmes plusieurs fois nous briser contre des arbres qui se trouvaient au milieu du fleuve. Enfin nous arrivâmes dans les provinces cambogiennes où la navigation n'offre plus de dangers ; nous laissâmes notre nacelle suivre le courant, à peine si l'on donnait quelques coups de rames, et bientôt nous fûmes à Pinhalu.

Pendant que j'étais dans cette chrétienté, un vol fut commis dans la sacristie de l'église. Le coupable était un Annamite nouveau baptisé, séduit sans doute par la beauté du culte chrétien et par la richesse des objets employés dans nos cérémonies. Ce larron avait fait un trou sous la porte de la sacristie et s'y était introduit pendant la nuit. Il vola un calice, des burettes avec le plat en argent et un encensoir ; il crut avoir fait une bonne affaire en prenant l'encensoir parce qu'il le trouvait très-pesant ; mais il fut volé lui-même, car cet objet était seulement argenté. Notre homme fut pris quelques jours après. Il avoua son crime ; mais, le recéleur étant un ouvrier du roi, nous ne pûmes nous faire restituer ce qui nous appartenait : voilà la justice des rois de l'Asie !

Le vicaire apostolique ayant fait un voyage à Bangkok, j'administrai trois ou quatre mois les chrétiens du village qu'il habitait. Le prê-tre, dans les missions de l'Indo-Chine, est chargé à l'égard des fidèles de toutes les fonctions, non-seulement religieuses, mais même civiles. Dans mon village, j'étais juge, commissaire de police, etc., etc. J'apprends un jour que quelques joueurs effrénés se réunissaient, le soir, dans certaine maison; je m'y rends sans bruit. Ces misérables avaient écarté l'échelle par laquelle on monte au logis, voulant faire croire que les habitants de cette maison reposaient; mais ils avaient affaire à aussi fin qu'eux. Je remets très-doucement l'échelle contre la porte; j'entre à l'improviste et je tombe à coups de rotin sur tous ceux que je trouve là. Chacun s'esquive comme il peut, sans mot dire, ne prenant pas le temps de ramasser sa monnaie; je jette à poignées devant la porte les sapèques qui servaient d'enjeu.

Le lendemain, les délinquants passèrent devant le conseil composé des catéchistes et présidé par moi. Ils reçurent encore quelques coups de rotin et promirent de ne plus jouer à l'avenir. Ces corrections un peu rudes paraissent bien étranges et choquent en général les Européens, qui ne connaissent pas les coutumes du pays et les mœurs des habitants; mais l'expérience prouve qu'il faut agir ainsi : des observations bienveillantes produiraient peu d'effet sur l'esprit des Cambogiens et des Annamites.

Pendant mon séjour à Pinhalu, deux descendants de Portugais reçurent le sacrement de mariage. Le marié se nommait Joakim Hing et la mariée Antonia Monteiro. Leurs parents, très-fiers des quelques gouttes de sang européen qui coulaient dans leurs veines, les affublèrent tous deux de vieilles défroques qu'ils disaient composer le costume portugais. Le jeune homme avait un pantalon de cotonnade; par-dessus, une chemise de calicot, dont la partie inférieure s'agitait élégamment au moindre souffle du vent; une petite veste de matelot et un bolivar tout bosselé complétaient le costume. Il se pavanait en tête du cortége, tenant à la main un jonc à pomme d'ivoire que je lui avais prêté. Melle Monteiro avait une toilette que je renonce à décrire : c'était un amas de tuniques et de vestes de soie blanche, fanées par le temps et couvertes de vieux galons en or faux. Toute la population du village, réunie près de l'église, admirait ces splendeurs. Un vieux farceur, nommé Simon de Horta, qui me servit de guide dans mon voyage au Laos, faisait des gambades autour des jeunes époux, en chantant des airs portugais. Il y eut ce jour-là grand gala pour tous les chrétiens : un buffle et trois ou quatre tonquins firent les frais de la noce. Après la bénédiction nuptiale, les mariés, avec leurs parents, vinrent me saluer et m'apporter ma part du festin sur de grands plats en cuivre.

Tous les mariages ne se célèbrent pas avec autant de pompe ; mais il faut que l'on soit fort pauvre pour ne pas donner un petit régal, pendant lequel des musiciens jouent quelques mélodies cambogiennes. Le soir du jour de la noce, les jeunes mariés se mettent réciproquement dans la bouche une petite boulette de riz : ce qui signifie qu'ils doivent s'aider et se nourrir l'un l'autre. Les fêtes de l'hyménée durent quelquefois plusieurs jours. Elles se font ordinairement avec décence ; il n'y a aucun de ces divertissements, souvent plus ou moins équivoques, en usage en Europe. Les hommes sont assis ensemble, autour des nattes sur lesquelles sont placés les mets ; les femmes les servent et mangent les restes du festin : ainsi le veut la galanterie cambogienne.

CHAPITRE IX.

Départ de Pinhalu pour Battambang. — Agrément d'un voyage pendant l'inondation. — Séjour à Battambang. — Chinois, mes voisins. — Esclavage au Camboge. — Le vice-roi de la province de Battambang. — Le vice-gouverneur. — Un Chinois, mon ami. — La comédie en Chine. — Un rôle d'avare. — Montagne Pra-Bat. — Promenade aux ruines de Bassète. — Abeilles. — Fête des Cambogiens. — Mes paroissiens. — Mes élèves.

Après avoir pris un peu de repos dans la chrétienté de Pinhalu, je partis pour Battambang. Un courant rapide m'entraîna vers le grand lac. Les bords de la rivière étaient presque partout envahis par les eaux et l'inondation s'étendait même fort avant dans les terres. Les terrains un peu élevés et encore émergés servaient de refuge à une multitude d'oiseaux et de quadrupèdes. Au-delà de Compong-Chhnéang, ayant aperçu des bandes de canards, je leur adressai adroitement mes deux coups de fusil ; je fis dix ou douze victimes. Je tuai aussi trois petits palmipèdes fort jolis, ressemblant aux canards, mais gros seulement comme le poing. En remontant le courant, mes gens poursuivirent un sanglier qui le traversait à la nage, et, après avoir étourdi cet animal à coups de rame et de bâton, nous nous en emparâmes.

Sur les bords de la rivière, je vis plusieurs arbres aux branches desquels étaient suspendus un grand nombre de nids d'un oiseau gros comme un moineau et ressemblant assez au gros-bec. Ces nids se composent de deux parties : un vestibule de huit ou dix pouces de long, se trouvant en dessous et un peu plus gros que le goulot d'une bouteille, donne accès dans le nid, qui a la forme d'une gourde. Le prévoyant architecte, au moyen de quelques herbes filamenteuses, suspend sa demeure au-dessus de l'eau et à l'extrémité des branches d'un arbre, sans doute pour se garantir des attaques de ses ennemis, pour éviter surtout la visite des serpents.

Ce voyage fait pendant l'inondation avait bien quelque agrément. Parfois, je naviguais au milieu des bois; les arbres étaient souvent garnis de plantes grimpantes, imitant une tapisserie à fond vert parsemé de petites fleurs jaunes et bleues, qui produisaient l'effet le plus pittoresque sur la nudité du désert. Le Tonli-Sap (grand lac), comme une petite mer, roule dans cette saison, au moindre vent, des vagues énormes. Avec ma barque non pontée, je ne voulus point m'exposer aux bourrasques du grand lac ; je m'enfonçai dans les forêts, je naviguai dans les plaines inondées, où nous fîmes des chasses superbes.

Nous rencontrions çà et là de petites élévations de terrain à sec qui étaient l'asile des lièvres; nous poursuivions ces craintifs quadrupèdes pendant quelques minutes. Ainsi traqués, ils essayaient de se sauver à la nage, mais on leur mettait bientôt la main sur les oreilles. Un jour, en chassant un lièvre, nous vîmes un gros serpent noir qui se dressait en sifflant devant nous : aussitôt tous de battre en retraite et de s'éloigner à force de rames.

Durant ce voyage, j'aperçus à plusieurs reprises différentes bandes d'éléphants et de grands troupeaux de buffles sauvages ; mais je renonçai à m'en approcher, car ma barque trop pesante et difficile à manœuvrer ne me permettait pas de courir sus à ces redoutables animaux.

Arrivé dans le village chrétien de la province de Battambang, je m'occupai à administrer les sacrements à ceux qui désiraient les recevoir ; j'instruisis quelques catéchumènes ; je me fis aussi maître d'école ; j'appris à lire et à écrire aux trois enfants qui préparaient mon thé et me servaient pendant mes repas. Ma cabane était environnée de grenadiers, papayers, orangers, pamplemousses, citronniers, manguiers, ananas, goyaviers. J'aurais pu avoir des fruits en abondance, sans la dent des écureuils. Ces petits animaux si jolis, se glissant sur les branches, osaient manger mes attes jusque sous ma fenêtre : je leur donnai parfois la chasse ; j'en tuai plusieurs à coups de fusil. L'écureuil poursuivi se réfugiait souvent sur un cocotier isolé, haut de plus de soixante pieds, qui dominait ma maison. Alors je faisais monter sur l'arbre un de mes élèves; l'animal, épouvanté, se précipitait à terre; il était d'abord un peu étourdi de cette chute; mais il se remettait bien vite et quelquefois même nous échappait en montant lestement sur d'autres arbres. Quand les mangues étaient en maturité, les perroquets se permettaient aussi de s'en régaler. Un éléphant vint une nuit manger mes bananiers et mes ananas; il alla ensuite enfoncer avec ses défenses mon grenier et me vola deux ou trois mesures de riz.

J'avais alors pour voisins deux Chinois, distillateurs d'eau-de-vie de riz. Avec ma permission, ils s'étaient bâti une cabane sur mon terrain. L'un d'eux, grand dévot, demandait tous les jours à se confesser; je me trouvais dans la nécessité de le refuser, car, n'ayant point habité le Céleste-Empire, j'avais négligé d'en étudier sérieusement la langue; je n'en savais que quelques mots pour confesser les Chinois à Pâques ou quand ils étaient en danger de mort. Un jour, ce brave homme vint me trouver avec un présent, comme font tous les Orientaux quand ils paraissent devant un supérieur : « Père, je vous en prie, me dit-il, » en me montrant deux bouteilles d'eau-de-» vie, confessez-moi..... »

De l'autre côté de ma maison, j'ai fait bâtir une baraque pour une pauvre famille que j'ai rachetée de l'esclavage. Peu de temps après mon arrivée à Battambang, la mère, à peine couverte de haillons, vint implorer ma pitié avec ses quatre petits enfants : elle portait le dernier, qui ne pouvait encore marcher. Dans ce pays, on ne porte pas les enfants comme en Europe; on les appuie sur la hanche, en les soutenant avec le bras droit. Le petit connaît la manœuvre : aussitôt que la mère le prend, il écarte les jambes et se place dans la position convenable.

Au Camboge, il y a beaucoup d'esclaves. C'est une des causes de la décadence de ce pays; c'est aussi la source de grandes difficultés pour la conversion des païens et pour l'administration des chrétiens. Dans cet illustre royaume Khmer, un homme est-il endetté d'une somme de deux ou trois cents francs, souvent même d'une somme moindre, son créancier s'empare de lui et de sa famille; il s'en sert comme de sa propriété, sans jamais diminuer la dette. Les descendants de ces malheureux seront aussi esclaves, de génération en génération. Nous autres missionnaires, nous ne pouvions admettre cet usage ; mais presque toujours on était sourd à nos observations.

Le vice-roi de la province de Battambang gouverne le pays au nom du roi de Siam. Celui que j'ai connu paraissait fort redouté de ses administrés ; il était sans pitié pour les voleurs et les brigands : il les faisait éventrer par les éléphants. Je n'ai jamais eu qu'à me louer de mes relations avec ce mandarin. Quand j'allais le visiter, il m'offrait une place sur sa natte, à côté de lui, et même son coussin pour m'appuyer; plusieurs fois il m'a donné des fleurs, signe de grande considération dans ces contrées de l'Orient. Le fils aîné du vice-roi ayant voulu m'acheter le joli fusil de Lepage que j'avais alors, je le lui cédai, quoique j'y tinsse beaucoup.

Ce jeune homme venait souvent me rendre visite, ainsi que le *balat* (vice-gouverneur de la province). Je fis goûter un jour de l'eau-de-vie de Cognac à ce dernier : il en était enchanté ; mais, se sentant le cerveau un peu troublé, il me demanda si je n'avais pas une médecine pour le remettre dans son état naturel. Je lui donnai un peu d'ammoniaque, en lui faisant observer qu'il fallait s'en servir avec prudence ; j'ajoutai que cette médecine était excellente contre la morsure des serpents. Plus tard, ce mandarin, étant à la recherche de l'or et presque en révolte avec le vice-roi, se servit beaucoup de mon ammoniaque pour guérir les gens qui le suivaient : il l'employait pour toutes les maladies, fièvres, dyssenterie, etc. « La médecine du prêtre européen, di- » sait-il, est un remède universel. » Je crains qu'il n'ait abrégé la vie de quelques-uns de ses serviteurs avec mon ammoniaque.

Pendant mon séjour au Camboge, j'ai toujours été en bonnes relations avec les autorités du pays. L'un de mes plus grands amis était un fils de Chinois, chargé de l'administration de tout ce qui concernait les émigrants du Céleste-Empire. Cet homme aimait les Européens ; il avait pour nous beaucoup d'égards. Malgré ses démonstrations d'amitié, un jour, comme nous l'interrogions sur la conduite qu'il tiendrait si le roi nous persécutait, il nous dit que, dans ce cas, il serait notre ennemi. « J'affectionne les prêtres français, » ajouta-t-il, parce que le roi les estime et » paraît les aimer ; mais si Sa Majesté m'or- » donnait de les tuer, je lui obéirais : je ne » suis que l'esclave du roi. »

Ce mandarin chinois m'invita souvent à manger chez lui ; il me régalait de sucreries, confitures de gingembre, gâteaux. Un jour il voulait me faire assister à une comédie qu'on devait représenter en son honneur. Je le remerciai ; mais j'entendis de mon logement, pendant plusieurs nuits, la musique et les chants qui formaient l'accompagnement de la pièce. Chez les Chinois, les femmes ne paraissent jamais sur la scène ; des jeunes gens jouent les rôles féminins et les récitent sur un ton de fausset.

Les Chinois aiment beaucoup la comédie.

Dans leurs pièces ils ont un rôle d'avare d'une rare perfection. Cet Harpagon n'a point d'enfants : cela coûte trop à élever ; on les noie ou on les jette aux pourceaux pour s'en débarrasser. Il adopte un fils et lui donne les plus curieuses leçons d'économie. Un jour, notre avare, n'ayant rien pour manger son riz, va au bazar, marchande différentes volailles et trempe ses doigts dans la sauce afin de pouvoir mieux les apprécier : il n'achète pas, bien entendu. Retourné chez lui, il mange son riz en se léchant successivement les doigts, imprégnés du jus de canard et de poulet. Il s'endort, n'ayant point encore sucé son doigt auriculaire, et, pendant son sommeil, un chien vient le lui lécher. A son réveil, furieux de cette perte, un accès de colère le rend dangereusement malade. Il appelle son fils adoptif et lui recommande de prendre, pour fabriquer son cercueil, un vieux tronc à moitié pourri. Encore, dit-il à ce jeune homme, garde-toi de te servir de ma hache, de crainte de l'ébrécher ; va emprunter celle du voisin ; etc.

La chasse était une de mes distractions dans

la province de Battambang. Étant allé une fois à la chasse au buffle, je tuai un vieux mâle énorme. Ce ne fut qu'au onzième coup de fusil que cet animal succomba ; la plupart de mes projectiles étaient restés sous sa peau, et, en le dépeçant, nous trouvâmes une vieille balle enfoncée dans les chairs. Il faudrait avoir pour cette chasse ainsi que pour celle de l'éléphant et du rhinocéros des balles en cuivre ou en fer; les Cambogiens se servent ordinairement de projectiles en étain, les balles en plomb s'aplatissant et ne faisant pas de blessures profondes.

Quelques-uns des chrétiens de Battambang, qui gagnent principalement leur vie à la chasse de l'éléphant, préfèrent employer contre cet animal des flèches qu'ils introduisent dans le canon d'un fusil de munition. La partie inférieure du fer de la flèche est garnie d'une certaine gomme qui est un poison violent, et quand ce poison a pénétré dans le sang de l'éléphant, l'animal ne tarde pas à tomber. Alors on le dépèce, puis on sale sa chair, qui est mangée dans le pays ou vendue aux Chinois. Les défenses appartiennent au roi de Siam, mais la fraude se fait assez facilement. Les marchands chinois achètent l'ivoire, le vendent aux artistes du Céleste-Empire, et ceux-ci en fabriquent toutes sortes de curiosités que l'on expédie en Europe.

Je chassais le plus souvent dans les champs de riz situés derrière mon jardin. A l'époque où les rizières sont en eau, beaucoup d'oiseaux aquatiques, tels que des grues et des cigognes, viennent y chercher leur nourriture. Il y a une espèce de petites cigognes qui se perchent volontiers sur le dos des buffles. Ces animaux marchent en broutant l'herbe et portant cinq ou six de ces petites cigognes blanches comme neige; il les laissent se percher sur leur échine et n'essayent pas de les faire partir : les Cambogiens prétendent que c'est pour cause, les cigognes mangeant la vermine de ces puissants quadrupèdes. J'apercevais de temps en temps quelque héron solitaire; je me glissais, en le suivant de l'œil, le long des petites chaussées qui séparent les champs de riz et y maintiennent l'eau nécessaire à ce végétal. Quand j'étais à bonne portée, je pressais la détente et manquais rarement mon coup. Je voyais souvent aussi des ibis, le cou tendu et l'aile sifflante, s'abattre dans un endroit désert. Un jour, je tuai ou j'étourdis jusqu'à huit de ces oiseaux avec mes deux coups de fusil. Quelques-uns ne paraissaient pas blessés ; revenus de leur stupéfaction, ils auraient volontiers pris la fuite, mais je les fis lier par les pattes et porter ensuite par mes élèves dans ma maison.

Des promenades aux pagodes qui avoisinent Battambang étaient une de mes autres distractions. J'ai déjà parlé de ces temples de Bouddha. Mes chrétiens voulaient me mener un jour à la montagne Pra-Bat (saint pied), où les païens disent que Bouddha a laissé un vestige sacré. Il aurait fait, selon eux, une enjambée du pic d'Adam, dans l'île de Ceylan, à une montagne qui se trouve non loin de Bangkok; puis, de là, dans une seconde enjambée, il aurait posé son pied divin sur le sommet de la montagne Pra-Bat, située à deux ou trois journées de Battambang. Les chrétiens, qui avaient déjà vu ce vestige de Sommonocudom, me dirent que c'était une excavation assez grande et profonde de plusieurs coudées. Les païens boivent avec dévotion l'eau de pluie qui s'y trouve et se lavent dans ce liquide sacré.

Mes chrétiens, gardes du corps du vice-roi et premiers canonniers du pays, avaient été plusieurs fois mêlés à des superstitions païennes. Le missionnaire leur défendait de rien faire de contraire à la loi de Dieu, mais la crainte du rotin était quelquefois plus forte chez eux que celle de Jéhovah. Ainsi, la montagne Pra-Bat est un pèlerinage fameux où mes chrétiens devaient toujours accompagner le vice-roi. Une cérémonie à laquelle ils étaient aussi souvent appelés, c'était lorsqu'à l'approche de la mort d'un homme important on s'apprêtait à faciliter au moribond le passage de ce monde à l'éternité : à l'annonce du décès, les chrétiens devaient tirer le canon pour mettre en fuite les mauvais génies. Grâce à mes bons rapports avec le gouverneur, je parvins à faire exempter mes chrétiens de toute participation aux superstitions païennes.

Je fis, au mois de février 1855, une course

fort agréable aux ruines de Bassète : j'allais voir là de riches sculptures, de magnifiques débris. L'un de mes compagnons avait dans une cage à piége un de ces oiseaux au plumage gris-noir, un peu plus gros qu'un merle, et dont le cri aigu, au milieu des bois, attire vite ceux de son espèce, qui s'approchent et tombent dans le piége : nous en prîmes ainsi quelques-uns pendant notre promenade. Les Cambogiens prennent aussi, par le même moyen, beaucoup de tourterelles et de coqs sauvages.

Après avoir examiné les ruines et disserté longtemps sur les splendeurs de l'ancien royaume du Camboge, nous nous disposâmes à déjeuner. Mes gens pensaient faire une bonne pêche aux tortues dans quelques étangs du voisinage ; mais, ces étangs ayant trop d'eau, il nous fut impossible d'en prendre une seule. Il fallut donc nous résigner à manger les provisions que nous avions apportées. Ayant aperçu un essaim d'abeilles sur un grand arbre qui nous abritait du soleil, un de mes chrétiens y monta avec un petit paquet de bois vert allumé; la fumée chassa les abeilles, et il put sans difficulté me rapporter quelques rayons de miel jaune comme de l'or.

Il y a beaucoup d'abeilles dans les forêts du Camboge. Quelques habitants du pays, qui en ont le privilége, vont chercher la cire dans les bois ; ils sont souvent obligés de jeter le miel, ne sachant où le déposer. Les chercheurs de cire paient un impôt au roi de Siam, ainsi que ceux qui vont recueillir le cardamome dans les montagnes. Les habitants de la province de Battambang paient aussi un impôt sur le riz : on doit donner le dixième de sa récolte au mandarin qui vient faire la visite dans les maisons. Quand ce mandarin arriva chez moi, je lui dis que je refusais de payer, parce que les prêtres étaient exempts de la taxe. Il n'insista pas : du reste, j'en avais fait facilement mon ami, en lui jouant un air d'accordéon et en lui donnant une paire de lunettes. Les habitants de ce pays estiment fort les lunettes d'Europe ; les lunettes chinoises en mica sont loin de valoir les nôtres. Dans la partie de l'Indo-Chine que j'ai habitée, il y a beaucoup de maladies d'yeux :

on y rencontre un grand nombre de presbytes, même dans un âge peu avancé.

Pendant mon séjour à Battambang, j'eus plusieurs fois la visite des bonzes; je suis allé moi-même aussi dans leurs pagodes. Il n'y en a aucune qui soit remarquable : ce sont des halles soutenues par des colonnes en bois; un gros Bouddha à l'air hébété est assis sur l'autel. Les pigeons, qui ont élu domicile dans la pagode, ne respectent pas beaucoup l'image du dieu, qu'ils couvrent souvent d'ordures. Une ou deux fois l'année, les païens viennent solennellement laver la statue.

Comme je l'ai dit déjà, les Cambogiens ont plusieurs fêtes. L'une des plus poétiques est celle qu'ils célèbrent sur la rivière pour expier les souillures dont ils ont profané son eau bienfaisante. Dans chaque temple bouddhique, on fabrique un radeau qui porte une pagode en miniature et un autel tout étincelant de lumières, le tout orné de banderolles de papier de couleur. Au déclin du jour, des musiciens descendent dans des barques et l'on remorque le radeau à force de rames. On n'entend, pendant la première partie de la nuit, que chants et coups de pétards. Chacun, selon sa dévotion, lance à l'eau, sur une écorce de bananier, un plus ou moins grand nombre de petites bougies; la rivière étincelle de mille feux divers, le canon tonne, la foule s'agite, les barques glissent l'une contre l'autre : tous sont dans la joie, dans l'allégresse.

Dans leurs fêtes, les Cambogiens aiment le bruit. Mes chrétiens, peu satisfaits des deux tam-tam de l'église, voulaient un jour me faire acheter une grosse caisse pour donner plus d'éclat, me disaient-ils, à nos solennités. Les gens de ce pays ne sont que de grands enfants : l'homme de soixante ans, déjà décrépit, n'a pas plus de sérieux dans l'esprit que l'enfant de huit ou dix ans qui s'amuse tout nu sur le bord du fleuve. Mes paroissiens étaient très-crédules : combien de fois ne leur ai-je pas entendu dire qu'ils avaient vu ou entendu des revenants! — Mais, leur disais-je, pourquoi ne les vois-je pas, moi aussi? — Oh! répondaient-ils, c'est qu'ils craignent le seigneur prêtre. — Au dire des Cambogiens, les femmes mortes enceintes sont les plus mauvais revenants. Apercevant un jour un marsouin qui remontait la rivière, je le fis remarquer à l'un de mes chrétiens : « Ah ! signe de malheur ! s'écria-t-il. » Si cet animal remonte jusqu'à la citadelle, » vis-à-vis le caravansérail du vice-roi, c'est » qu'il vient annoncer la mort de celui-ci. » Je voulus introduire la vaccine dans mon village : certains esprits forts du pays me soupçonnèrent, je crois, de maléfice. Mon vaccin était trop vieux et avait été détérioré dans la traversée ; il ne prit pas et ne fit ni bien ni mal.

Je fus souvent malade à Battambang. La fièvre des bois, qui me réduisit presque à l'extrémité chez les sauvages, me revint encore de temps en temps. L'instruction de mes élèves et de quelques catéchumènes m'occupait une partie du jour. Mes élèves, dans leurs moments de récréation, allaient à la chasse avec un arc. Les enfants, au Camboge, lancent avec adresse de petites boules de terre glaise durcies au soleil et assomment ou étourdissent souvent quelques perroquets ou d'autres oiseaux, qu'ils essaient de nourrir lorsque leurs blessures ne sont pas trop graves. Mes élèves voulaient aussi élever des perroquets; mais ma chatte, appelée *Mi-prac* (Argent), en faisait presque toujours son profit. J'avais à Battambang quatre gros chiens pour me protéger contre les voleurs, fort communs dans cette contrée. L'un de ces chiens, qui connaissait la civilité, venait me demander à manger, en se traînant sur son ventre, par respect. J'ai eu aussi pendant quelque temps un chien énorme, ennemi né des bonzes; il sautait sur eux et déchirait leurs habits jaunes quand il les rencontrait dans le sentier qui longe le bord de la rivière, devant ma maison. Comme ce brigand aurait pu m'attirer de mauvaises affaires et qu'il était gras à lard, mes chrétiens le tuèrent pour s'en régaler.

Chaque soir, à la tombée de la nuit, à moins qu'il ne fît très-mauvais temps, j'allais me baigner avec mes élèves : dans ce climat brûlant, la fraîcheur de l'eau redonne de l'élasticité au corps affaissé par la chaleur. Je nageais pendant une heure sans trop de craintes, car les crocodiles venaient rarement dans cet endroit;

mais je n'étais pas néanmoins exempt de tout souci, parce qu'il y avait beaucoup de ces petits poissons qui enlèvent le morceau quand ils vous mordent. Rentré chez moi, je lisais une heure ou deux à la lueur de ma lampe, simple godet de terre cuite, où l'on versait un peu d'huile de coco, de pistache ou de poisson. Je plaçais ce godet sur une carapace de tortue arrangée à cet effet et suspendue à la paroi en feuilles. Quelquefois, mon appartement était éclairé avec des torches ou avec des bougies de cire ; je me servais de bougies pour lire dans ma moustiquaire. J'étais souvent distrait dans ma lecture par le tambour du sorcier évoquant le diable. Parfois, j'entendais la voix stridente de la grande loutre remontant la rivière pour pêcher, ou bien encore le cri plaintif de la cigogne qui passait au-dessus de mon toit de chaume.

CHAPITRE X.

Départ de Battambang pour Campot. — Une nuit dans un caravansérail. — Passage d'un torrent. — Arrivée à Campot. — Description d'un navire. — Départ pour Singapore. — Pirates. — Arrivée à Singapore.

J'étais décidé depuis longtemps à quitter le Camboge, lorsque, à la fin de septembre 1855, j'appris qu'il se trouvait à Campot des navires caboteurs qui pourraient me conduire à Singapore. En conséquence, je partis de Battambang dans les premiers jours du mois suivant. Ma barque traversa les bois inondés près de l'ancienne pagode de Bassète et pénétra ensuite dans des plaines, alors couvertes d'eau, s'étendant au pied du massif des montagnes qui bordent le golfe de Siam depuis Campot jusqu'à Chantabun et qui se prolongent fort avant dans les provinces de Pursat et de Battambang.

Je passai quelques jours avec le vicaire apostolique dans la chrétienté qu'il habitait, puis je me rendis à Udong, où le mandarin gouverneur du palais du roi me procura des éléphants. Les grandes pluies qui tombaient à cette époque de l'année rendirent mon voyage fort pénible. Nous trouvions heureusement, pour nous abriter le soir contre les injures de l'air, les *sala* ou caravansérails que le roi avait fait construire depuis peu. Je dormais, dans ces hôtelleries du désert, à côté de Cambogiens voyageurs comme moi. Une nuit, enveloppé dans ma couverture, j'entendis mes voisins discourir sur mon âge. L'un, à cause de ma grande barbe, prétendait que je devais avoir près de quatre-vingts ans; l'autre, qui me trouvait la figure encore assez fraîche, disait que sans doute je ne dépassais pas de beaucoup la cinquantaine. Ils finirent par tomber à peu près d'accord, admettant pour chiffre moyen soixante ou soixante-dix ans : je n'avais pas encore trente-trois ans accomplis.

Arrivé au Prec-Tenot, je fus fort embarrassé. Ce torrent, que j'avais traversé autrefois ayant de l'eau à peine pour me mouiller les pieds, roulait alors une masse d'eau énorme. Je passai la rivière en barque avec mes effets ; les cornacs, debout sur leurs éléphants, voulurent la traverser aussi. L'un de ces animaux passa sans grande difficulté ; mais l'autre plongeait et son cornac se trouvait quelquefois plusieurs minutes sous l'eau ; on n'apercevait plus que l'extrémité de la trompe de l'éléphant. Cet animal, suivant le courant, finit par revenir sur la rive qu'il avait quittée. Je fus obligé de faire descendre dans une barque deux ou trois de mes conducteurs. Ils passèrent en dessous de l'éléphant, que le cornac avait forcé à rentrer dans la rivière en lui enfonçant dans la tête la pointe de fer de son bâton, et, en criant et en frappant l'eau avec leurs rames, ils intimidèrent l'animal rétif, qui atteignit enfin le bord opposé.

Quand je fus arrivé à Campot, je m'installai dans un bâtiment que le roi du Camboge a fait construire pour recevoir les Européens. Il y avait dans la rade un petit navire chinois en partance pour Singapore. Je fis marché avec le capitaine moyennant trente piastres et je m'embarquai dans les derniers jours d'octobre. Arrivé sur le bâtiment, je n'avais pas même un endroit pour m'installer. Ayant fait mettre quelques planches sur l'arrière, je plaçai mes petits paquets sur cette estrade et j'y étendis ma natte : c'était là mon logement. Quelques Chinois, fumeurs d'opium, voulaient prendre une part de ma natte, mais je leur donnai quelques bourrades et ils finirent par se tenir à distance respectueuse. Avant que l'ancre fut levée, je me promenai un peu sur la dunette.

Ce petit bâtiment avait été construit à l'européenne; mais les Chinois en avaient fait quelque chose d'indéfinissable. De grosses poutres à peine équarries étaient placées en travers du pont pour donner plus de solidité au navire; sur ces poutres on avait fixé plusieurs longues couleuvrines. L'artillerie du bord était du reste assez formidable, car nous avions plusieurs canons, outre un arsenal de piques, de sabres et de fusils à mèches. La voilure se composait d'une grande voile fixée au milieu du bâtiment à un mât d'une seule pièce, orné au sommet de girouettes et de banderoles. Cette voile était faite avec des lambeaux de toile européenne maintenus par de longues perches de bambou en guise d'espars. Notre bâtiment avait en outre une espèce de hunier au mât de misaine et sur l'arrière une mauvaise brigantine; quelques morceaux de toile toute déchirée étaient fixés en guise de foc au mât de beaupré.

L'équipage de ce petit navire était très-nombreux relativement à sa grandeur; il y avait à bord une trentaine de matelots, qui n'étaient pas, il est vrai, fort experts. Lorsque le capitaine commandait une manœuvre, tous se pressaient, se bousculaient, sans trop savoir ce qu'ils avaient à faire. La voilure, disposée à la chinoise, est du reste assez facile à manœuvrer : la voile est, comme je viens de le dire, maintenue de distance en distance par des espars placés horizonlalement; quand on veut diminuer de toile, c'est-à-dire prendre un ris ou même plusieurs ris, il suffit d'amener la voile et d'amarrer les espars intermédiaires sur une vergue inférieure; la toile ou le tissu de nattes dont est composée plus ordinairement la voilure se replie sur lui-même.

Après avoir un peu examiné le gréement du bâtiment chinois, je jetai un coup d'œil sur les montagnes du Camboge. Quoique j'eusse beaucoup souffert dans ce pays, je ne le quittais pas sans quelque regret : notre cœur, hélas ! n'est qu'illusions, que vanité ! Mais voici qu'on hisse l'ancre à bord ; les voiles sont orientées ; nous partons..... Adieu ! terre d'Asie; adieu !! Je mets donc enfin le cap sur ma patrie, sur le gentil pays de France !....

Le navire mal équipé et mal gouverné allait un peu à l'aventure; nous aurions pu traverser le golfe de Siam en huit jours et nous en mîmes plus de quinze. Les Chinois ne savent pas prendre hauteur ; ils se dirigent seulement par la boussole et par la sonde. Aussi, lorsque les courants, très-considérables dans ces mers étroites, les entraînent loin de leur route, ils perdent tout-à-fait la tête : c'est ce qui faillit arriver à mes conducteurs. Ces fameux navigateurs croyaient avoir été entraînés du côté de Siam, mais heureusement ils reconnurent quelques îlots non loin de Calentane et ne firent plus que suivre la côte de la Malaisie.

Notre capitaine était Fokinois, mais établi en Malaisie, à Tringano, où il avait épousé une femme du pays. Les Chinois contractent facilement des alliances dans les contrées où ils émigrent pour faire fortune. Ils retournent souvent dans le Céleste-Empire après quelques années, mais ils se gardent bien d'emmener leurs femmes étrangères et les enfants qu'ils en ont eus : ce ne sont que des barbares que l'on abandonne sans scrupule.

Le pilote, avec lequel je fraternisai parce qu'il savait un peu l'annamite, était originaire de l'île d'Haïnam, le repaire des forbans. Nous craignîmes une ou deux fois d'être attaqués par ces écumeurs de mer. On avait aperçu à une petite distance une voile suspecte : tout le monde aussitôt de s'agiter sur notre bord ; l'un ôtait la cire qui mettait à l'abri de l'eau les lumières du canon ; l'autre apprêtait la mêche, etc.; pour moi, j'aiguisais mon grand sabre. Tous nos préparatifs furent inutiles; nous avions eu une fausse alerte. Pendant la bagarre, un homme, qui était, je crois, l'écrivain du bord et qui, à ce qu'il paraît, remplissait au besoin les fonctions de grand-prêtre, faisait des prostrations devant une figure grimaçante, lançait à la mer du papier argenté et brûlait devant la boussole des allumettes parfumées, faites de bouse de vache et de sciure de bois de sandal. Quand nos craintes se furent dissipées, cet homme fut le premier à rire de ses superstitions.

Nous aperçûmes enfin le phare de Pedro-Branco, élevé depuis peu par les Anglais, pour servir de point de reconnaissance aux vaisseaux qui viennent de Chine. Le lendemain nous étions à Singapore.

CHAPITRE XI.

Départ pour la France. — Ile Sainte-Hélène. — La tour de Cordouan et les sapins des Landes. — Arrivée à Bordeaux.

Je m'embarquai à Singapore, vers la fin de novembre 1855, sur un beau trois-mâts français du port de Bordeaux, appelé le *Benjamin.* Notre voyage a été assez heureux ; un accident faillit pourtant nous arriver dans le détroit de Rio. Nous avions jeté l'ancre, par une belle soirée, dans une mer paisible, dont les vagues à peine sensibles faisaient miroiter les pâles rayons de la lune. Vers le milieu de la nuit, un courant très-fort nous entraîna à la dérive, quoique notre ancre parut être dans un bon fond; on craignit beaucoup un instant d'être jeté à la côte; mais enfin le navire s'arrêta. Le lendemain, lorsqu'on leva l'ancre, on vit qu'il lui manquait une patte, qui avait été brisée par la force du courant. Arrivés dans le détroit de la Sonde, nous louvoyâmes durant deux ou trois jours, puis nous entrâmes dans l'Océan-Indien avec un temps excellent. Nous étions au sud du cap de Bonne-Espérance vers les premiers jours du mois de janvier. La nuit du 13 au 14 de ce mois ne fut pas sans quelque danger, le vent contraire étant très-violent et les vagues énormes. Enfin nous pûmes doubler le cap sans accident.

Nous arrivions à Sainte-Hélène au commencement de février. Je ne vis pas sans émotion ce rocher aride où s'éteignit dans l'abandon le plus grand homme des temps modernes. On me montra des pointes de rocher où les Anglais avaient hissé des canons, de crainte que leur prisonnier ne s'échappât de leurs serres. J'aurais désiré aller à Longwood pour visiter le tombeau de Napoléon, mais je ne pus payer les trois ou quatre livres sterling qu'on me demanda pour m'y conduire.

Après avoir quitté Sainte-Hélène, j'aperçus l'Ascension, triste îlot où il ne me fut pas possible de découvrir avec ma lunette la moindre trace de végétation. Les Anglais ont établi un poste dans cette petite île, qui, avant leur occupation, était le refuge des tortues, dont les navires faisaient provision à leur passage. Nous eûmes un vent excellent jusque vis-à-vis du golfe de Gascogne. Là, il devint contraire; nous louvoyâmes pendant quelque temps entre l'Espagne et l'Irlande.

Enfin, nous aperçûmes la tour de Cordouan et les noires forêts de sapins plantées dans les Landes.... La vue de tels rivages peut ne pas être très-gaie pour l'étranger; mais elle doit plaire assurément au Français, viendrait-il des bords enchantés de l'Indo-Chine, car ce sont les rivages de la patrie!

Je descendis à terre à Pauillac, puis je montai sur un bateau à vapeur qui me conduisit à Bordeaux, où j'arrivai le 15 mars. Le lendemain, le canon nous annonçait la naissance d'un prince héritier de Napoléon... Que Dieu accorde à cet enfant d'heureuses et de glorieuses destinées !

CONCLUSION.

Ainsi qu'il a été dit plus haut, les rapports officiels entre la France et le royaume d'Annam n'ont commencé qu'au XVIIIe siècle. M. Poivre, homme d'un grand talent, qui, plus tard intendant de l'île de France, fut l'ami et le protecteur de Bernardin de Saint-Pierre, aborda vers 1749 en Cochinchine, où il était envoyé par la Compagnie des Indes. Quelque temps après, le célèbre Dupleix remit à Mgr Bennetat, évêque d'Eucarpie, de riches présents, que le prélat devait offrir au roi Vo-Vuong. Ce prince les accepta ; mais sa bienveillance pour les Français ne dura pas longtemps. Le seul résultat de ces tentatives d'alliance fut la découverte de quelques plantes utiles, que M. Poivre naturalisa à l'île de France et à l'île Bourbon.

Sous le règne de Louis XVI, les relations de la France avec la Cochinchine paraissaient devoir amener des conséquences heureuses pour notre pays ; mais le comte de Conway, gouverneur de Pondichéry, se laissa influencer, dit-on, par une femme suspecte dont Mgr Pigneaux, évêque d'Adran, avait stigmatisé la conduite. Ce gouverneur mit obstacle à l'envoi des forces militaires qui devaient rétablir Nguyen-Anh sur le trône de ses ancêtres et nous donner par là une grande autorité dans le pays d'Annam. La révolution de 1789, arrivée sur ces entrefaites, acheva de ruiner toutes nos espérances. Cependant l'évêque d'Adran et plusieurs officiers français allèrent au secours de Nguyen-Anh. C'est en grande partie à leurs talents que ce prince dut les victoires qu'il remporta sur ses ennemis. Nguyen-Anh, lorsqu'il fut reconnu souverain de tout le royaume annamite, prit le nom de Gia-Long ou Gia-Laong — prononcez Laong comme *Lan*. — Il se montra toujours assez favorable à nos compatriotes.

Le successeur de Gia-Long fut son second fils, Minh-Mang ou Minh-Menh. Il commença à régner en 1820. Son frère aîné, le prince Canh, élève de Mgr Pigneaux, était mort en 1801. Peu de temps après son avènement au trône, Minh-Mang reçut des présents que lui remit, au nom de Louis XVIII, M. Chaigneau, nommé consul dans le royaume d'Annam par le roi de France.

M. Chaigneau avait servi pendant longtemps le roi Gia-Long. Accueilli d'abord avec assez de bienveillance par son fils, il ne tarda pas à découvrir la haine que ce monarque portait aux Européens et quitta la Cochinchine en 1824 avec toute sa famille. En 1825, un nouvel envoyé du roi de France, M. de Bougainville, ayant voulu établir des relations avec Minh-Mang, ne put parvenir jusqu'à ce prince : déjà le tyran songeait à persécuter la religion de Jésus-Christ. Bientôt le sang de nos missionnaires et celui des chrétiens annamites coula à flots sur cette terre lointaine.

Minh-Mang fut arrêté quelque temps dans ses projets sanguinaires par la crainte du grand mandarin Taquân, vice-roi de la Basse-Cochinchine, ami des Français, qui s'opposait à toute persécution. Après la mort de ce mandarin, le roi voulut déshonorer sa mémoire et persécuta ses amis. L'un d'eux, nommé Khôi, se révolta, s'empara de Saigon ainsi que de toute la Basse-Cochinchine et fit trembler sur son trône le fils de Gia-Long. Minh-Mang parvint à reprendre la citadelle de Saigon, bâtie autrefois par les officiers français dont j'ai parlé; il la détruisit entièrement, puis il fit passer ses défenseurs au fil de l'épée, réservant pour leur faire subir d'affreux tourments les chefs de la révolte et M. Marchand, missionnaire français, que Khôi avait retenu par force dans la ville assiégée.

En 1839, le tyran annamite, désirant connaître l'effet produit en France par ses persécutions contre nos missionnaires, envoya à

Paris trois mandarins d'un ordre inférieur. Louis-Philippe ne voulut pas leur accorder une audience. Ce refus les inquiéta fort peu : ils s'étaient convaincus que le gouvernement français, à cette époque, ne tirerait jamais le canon pour la défense de pauvres missionnaires et pour l'honneur du pays.

Sous le règne de Thieu-Tri, fils et héritier de Minh-Mang, l'amiral Cécille et le commandant Lapierre firent diverses tentatives pour entamer des négociations avec la Cochinchine ; mais ils échouèrent. Le commandant Lapierre faillit même être victime d'un guet-apens : prévenu à temps de cette trahison, il détruisit la flotte annamite dans la baie de Touranne.

Tu-Duc, fils de Thieu-Tri et actuellement roi d'Annam, a repoussé en 1856 les propositions du gouvernement français. Cette démarche de la part de la France n'a servi qu'à augmenter la persécution qui désole ce malheureux pays depuis si longtemps.

Bravée, insultée par ce misérable souverain, la France va enfin lui montrer ce qu'elle vaut et ce qu'elle veut. L'empereur Napoléon III, de concert avec la reine d'Espagne, vient d'envoyer des forces suffisantes pour châtier l'insolence du jeune Tu-Duc.

Voici le rapport du vice-amiral Rigault de Genouilly, chargé du commandement de cette expédition, sur l'occupation des forts et de la presqu'île de Touranne :

« Baie de Touranne, 17 septembre 1858.

» Monsieur le Ministre,

» J'ai l'honneur de vous annoncer que les ordres de l'Empereur sont exécutés en ce qui concerne la prise des forts de Touranne et leur occupation.

» Partie de Yu-li-Kan dans la matinée du 30 août, la division navale française, à laquelle s'était joint l'aviso à vapeur espagnol *el Cano*, armé de deux pièces de 16, et qu'avait ralliée quelques jours auparavant la *Dordogne*, portant un corps de 450 hommes de troupes des Philippines, a mouillé à Touranne dans la soirée du 31 du même mois.

» Le lendemain matin, 1er septembre, après avoir sommé par écrit le gouverneur des forts de me les remettre, et lui avoir donné deux heures pour obtempérer à cette sommation, qui est restée sans réponse, j'ai attaqué à la fois tous les ouvrages qui battent le mouillage et les deux forts construits par des ingénieurs français, qui défendent l'entrée de la rivière. Tous les capitaines, particulièrement le capitaine Reynaud, ont parfaitement manœuvré pour prendre les positions qui leur avaient été assignées.

Une fois au poste et montre en main, les deux heures données aux Cochinchinois expirées, le pavillon national hissé au grand mât de la *Némésis* fut le signal à tous les bâtiments d'ouvrir le feu. Le pavillon espagnol fut arboré en même temps au mât de misaine.

» Au bout d'une demi-heure d'une vigoureuse canonnade, dont tous les coups bien dirigés avaient porté, les forts qui défendent le mouillage étaient éteints. Les compagnies de débarquement de la *Némésis*, du *Phlégéton*, du *Primauguet* et de la demi-compagnie du génie, jetées immédiatement à terre, sous le commandement du capitaine de vaisseau Reynaud, les escaladaient et les enlevaient aux cris de : *Vive l'Empereur !* Je marchais avec cette colonne. Peu après, les troupes françaises et espagnoles descendaient à terre et je les formais en bataille, en avant et à proximité des forts. Pendant que cette action se passait au mouillage des grands bâtiments, trois de nos canonnières, la *Mitraille*, la *Fusée*, l'*Alarme* et l'aviso à vapeur espagnol *el Cano* canonnaient les forts de l'entrée de la rivière. L'un de ces forts, celui de l'Est, sautait une demi-heure après le commencement de l'attaque, sous les coups de nos boulets rayés, avec un terrible fracas; la courtine contiguë au magasin à poudre, enlevée tout entière, était projetée dans le fossé. Après être revenu reconnaître moi-même, sous l'escorte d'une compagnie de chasseurs espagnols, un emplacement convenable pour un camp sur la partie plate de la presqu'île, à proximité du fort de l'Est, j'y fis établir dans la soirée toutes les troupes françaises, sous le commandement du lieutenant-colonel Reybaud, et le bataillon espa-

gnol, commandé par le colonel Oscaritz. Des compagnies de débarquement, détachées du bataillon de marins et placées sous le commandement supérieur du capitaine de frégate Ribourt, occupèrent les ouvrages principaux. Bien que j'eusse pris la précaution de ne faire marcher les troupes qu'à la tombée du soleil et qu'elles n'eussent à faire que deux heures de route, la chaleur était tellement forte que plusieurs soldats ont succombé à la fatigue.

» Dans la nuit du 1er au 2 septembre, le commandant Reynaud, assisté du sous-ingénieur hydrographe Ploix, sonda la partie S.-O. de la baie, pour pouvoir, le lendemain, rapprocher les canonnières du fort de l'Ouest, qui tenait encore. Au jour, les cinq canonnières l'*Alarme*, l'*Avalanche*, la *Dragonne*, la *Fusée* et la *Mitraille*, et l'aviso à vapeur de guerre espagnol l'*el Cano*, sous la direction de M. Reynaud, avaient pris leurs nouveaux postes, et au bout d'une demi-heure d'un feu d'une admirable précision, le fort de l'Ouest sautait, comme le fort de l'Est, sous les coups heureux de nos canons rayés. Immédiatement après, le commandant Jauréguiberry pénétrait dans la rivière à la tête d'une flottille d'embarcations armées en guerre, qui y reste en station près du fort de l'Est. La *Dragonne* et l'*el Cano*, quittant la baie de Touranne, venaient mouiller en dehors près du camp, entre la presqu'île et l'île de Cham Callao couvrant la gauche du corps expéditionnaire, dont la droite s'appuie au fort de l'Est, dans lequel deux de nos compagnies d'infanterie et une demi-compagnie espagnole tiennent garnison. Fortement assis dans cette position, j'y ai attendu l'armée annamite, qui, d'après certains rapports recueillis par nos missionnaires, devait marcher sur nous au nombre de 10,000 hommes. Jusqu'à présent cette armée n'a point paru.

» Le fort de l'Ouest et tous les autres ouvrages étaient en parfait état de réparation; tous avaient de forts armements en pièces de fer et de bronze de gros calibre. Les pièces de bronze étaient les plus nombreuses et, en général, fort belles. Tous les canons étaient pourvus de hausses récemment appliquées; les attirails d'artillerie étaient dans le meilleur état et bien supérieurs à tout ce que nous avons vu en Chine.

» Indépendamment de son armement, le fort de l'Ouest contenait un parc d'artillerie de campagne, de pièces en bronze de 6 et de 9, dont les affûts, montés sur des roues très-élevées, sont parfaitement appropriés aux mauvaises routes de ce pays. Tout ce qui était bronze a été enlevé et conduit à bord de nos bâtiments, les pièces en fer qui ne pouvaient nous servir ont été détruites. J'ai fait mettre en réserve deux pièces magnifiques en bronze pour être offertes à S. M. l'empereur des Français et à S. M. la reine d'Espagne. Les armes de main n'offrent rien de particulier; ce sont des fusils de munition fabriqués en France ou en Belgique. La poudre, dont nous avons pris des quantités assez considérables, est d'origine anglaise, et a été probablement achetée à Singapore et à Hong-Kong. L'ensemble des dispositions prises montre que le gouvernement annamite s'attendait à une attaque prochaine. »

La baie de Touranne offre, au point de vue

militaire, tous les avantages possibles ; mais il y a un autre poste qui serait peut-être plus avantageux sous le rapport commercial : c'est la ville de Saigon, appelée aussi Giadinh, capitale de la Basse-Cochinchine, partie la plus fertile du royaume d'Annam. Si les Français établissaient une factorerie dans la province de Giadinh, elle pourrait être l'entrepôt, non-seulement de toutes les marchandises de la Basse-Cochinchine, mais aussi de tous les produits du Camboge. Ces deux contrées sont traversées par des fleuves magnifiques et par de nombreux canaux qui faciliteraient beaucoup les transactions commerciales.

Nous sommes heureux de voir les Français à Touranne : ils vont venger le sang chrétien versé par la dynastie Nguyen pendant plus de deux siècles.

Au Tongking, le premier martyr fut un jeune néophyte nommé François. Il eut la tête tranchée en 1630. Le premier chrétien qui, en Cochinchine, versa son sang pour la foi s'appelait André ; il était catéchiste et âgé de dix-neuf ans. Il mourut, percé de plusieurs coups de lance, le 17 juillet 1644.

Je vais indiquer seulement les noms des prêtres européens et indigènes qui ont été martyrisés dans le royaume d'Annam :

Jean de Séqueira, mort par suite de mauvais traitements le 21 août 1696.

Pierre Belmonte, mort en prison le 27 mai 1700.

Pierre Langlois, mort en prison le 28 juillet 1700.

Joseph Candone, mort en prison le 28 mai 1701.

Jean-Baptiste Messari, mort en prison le 23 juin 1723.

François-Marc Bucharelli, décapité le 11 octobre 1723.

Barthélemy Alvarez, Emmanuel d'Abreu, Vincent da Cunha, Jean-Gaspard Cratz,	décapités le 12 janvier 1737.
François Gil, ... Alphonse Leziniana,	décapités le 22 janvier 1745.

Michel de Salamanque, mort en prison le 14 juillet 1750.

Hyacinthe Castanéda, } décapités le 7 no-
Vincent Liem, ... } vembre 1773.

Nuntius de Horta, mort en prison vers 1778.

Emmanuel Trieu, décapité le 17 septembre 1798.

Jean Dat, décapité le 28 octobre 1798.

Pierre Tuy, décapité le 11 octobre 1833.

François-Isidore Gagelin, étranglé le 17 octobre 1833.

P. Odorico, mort en prison le 25 mai 1834.

Joseph Marchand, tenaillé avec des fers rouges, dépecé vivant le 30 novembre 1835.

Jean-Charles Cornay, décapité le 20 septembre 1837.

Ignace Delgado, évêque de Mellipotamie, mort en prison le 12 juin 1838.

Dominique Henarez, évêque de Feissetein, décapité le 25 juin 1838.

Pierre Thuan, mort en prison le 15 juillet 1838.

Joseph Fernandez, décapité le 24 juillet 1838.

Dominique Dieu, décapité le 1er août 1838.

François Tu, . . . } décapités le 5 septem-
Jacques Nam, . . . } bre 1838.

François Jaccard, étranglé le 21 septembre 1838.

Pierre Borie, évêque élu d'Acanthe, décapité le 24 novembre 1838.

Les prêtres { Diem, } étranglés le 24 no-
indigènes { Khoa, } vembre 1838.

Dominique Trioc, mis à mort en avril 1839.

Dominique Xuyen, } mis à mort le 25 no-
Thomas Du, ... } vembre 1839.

Pierre Thi, ... } mis à mort le 20 dé-
André Lung, . . . } cembre 1839.

Paul Khoan, décapité le 28 avril 1840.

Luc Loan, décapité le 5 juin 1840.

Charles Delamotte, torturé et mort en prison le 3 octobre 1840.

Les prêtres { Nghi, Ngan, Thinh, } mis à mort le 7 no-
indigènes vembre 1840.

Mathieu Thuy, mort en exil le 30 janvier 1841.

Pierre Khan, décapité en 1842.

Pierre Duclos, mort en prison en 1843.

Augustin Schœffler, décapité le 1er mai 1851.

Jean-Louis Bonnard, décapité le 1er mai 1852.

J'ai eu pour condisciples à Paris ces deux derniers martyrs. Peu de temps avant sa mort, Augustin Schœffler m'écrivait une lettre que j'ai conservée comme un précieux souvenir. Quand je reçus cette lettre, la tête de mon ami était déjà tombée sous le fer du bourreau.

Philippe Minh, décapité le 3 juillet 1853.

J'ai habité plusieurs mois le même village avec ce prêtre annamite. C'était un jeune homme très-doux et très-pieux, le plus capable des prêtres indigènes de la Basse-Cochinchine.

Joseph-Marie Diaz, évêque de Platéa, décapité le 20 juillet 1857.

Melchior Garcia Sampedro, vicaire apostolique du Tongking central, décapité dans les premiers jours du mois d'août 1858.

TRAITÉ D'ALLIANCE

ENTRE LOUIS XVI ET NGUYEN-ANH.

Ce traité fut signé par les comtes de Vergennes et de Montmorin, pour le roi de France, et par le jeune prince cochinchinois, pour son père.

Voici quels en sont les principaux articles :

« 1° Il y aura une alliance offensive et défensive entre les deux rois de France et de Cochinchine : ils devront se prêter mutuellement secours et assistance contre tous les ennemis de l'une ou de l'autre des parties contractantes.

» 2° En conséquence, il sera équipé et mis sous les ordres du roi de Cochinchine une escadre de vingt bâtiments de guerre français, de telle force que les demandes pour son service feront juger convenable.

» 3° Cinq régiments européens et deux régiments de troupes coloniales du pays seront embarqués sans délai pour la Cochinchine.

» 4° Sa Majesté Louis XVI s'engage à fournir, dans quatre mois, au roi de Cochinchine, la somme d'un million de dollars, dont 500,000 en espèces, le reste en salpêtre, canons, mousquets et autres armements militaires.

» 5° Du moment que les troupes françaises seront entrées sur le territoire de Cochinchine, elles et leurs généraux recevront les ordres du roi de ce pays.

» 6° Le roi de Cochinchine s'engage à fournir, aussitôt que la tranquillité sera rétablie dans ses états, et sur la simple réquisition de l'ambassadeur du roi de France, tout ce qui sera nécessaire en équipements, agrès et provisions, pour mettre en mer, sans aucun délai, 14 vaisseaux de ligne. Pour la parfaite exécution de cet article, il sera envoyé d'Europe un corps d'officiers et sous-officiers de marine qui formeront un établissement permanent en Cochinchine.

» 7° Sa Majesté Louis XVI aura des consuls résidents dans toutes les parties de la côte de Cochinchine, partout où elle le jugera convenable. Ces consuls seront autorisés à construire ou faire construire des vaisseaux, frégates et autres bâtiments, sans qu'ils puissent être troublés, sous aucun prétexte, par le gouvernement de Cochinchine.

8° L'ambassadeur de Sa Majesté Louis XVI à la cour de Cochinchine aura le droit de faire du bois pour la construction des vaisseaux, frégates et autres bâtiments dans toutes les forêts où il en trouvera de convenable.

» 9° Le roi de Cochinchine et son conseil d'état céderont à perpétuité à Sa Majesté Très-Chrétienne, ses héritiers et ses successeurs, le port et le territoire de Han-San (baie de Touranne et la péninsule) et les îles adjacentes de Fai-Fo, au midi, et de Hai-Wen, au nord.

» 10° Le roi de Cochinchine s'engage à fournir les hommes et les matériaux dont on aura besoin pour la construction des forts, ponts, grandes routes, fontaines, etc., qui seront jugés nécessaires pour la sûreté et la défense des cessions faites à son fidèle allié le roi de France.

» 11° Au cas où les naturels du pays, en quelque temps que ce soit, répugneraient à rester dans le territoire cédé, ils auront la liberté d'en sortir; la valeur des propriétés qu'ils y laisseront leur sera remboursée. La jurisprudence, tant civile que criminelle, ne sera pas changée. Toutes les opinions religieuses seront libres. Les taxes seront perçues par les Français, selon les usages du pays, et les collecteurs seront nommés, d'un commun accord, par l'ambassadeur de France et le roi de Cochinchine; mais celui-ci ne réclamera aucune part de ces taxes, qui appartiendront en propre à Sa Majesté Très-Chrétienne, pour subvenir aux frais que l'entretien exigera.

» 12° Dans le cas où Sa Majesté Très-Chrétienne se déterminerait à faire la guerre dans quelque partie de l'Inde, il sera permis au commandant en chef des troupes de France de faire une levée de 14,000 hommes qu'il fera exercer de la même manière qu'en France et qu'on formera à la discipline française.

» 13° Si quelques puissances attaquent les Français sur le territoire de Cochinchine, le roi de ce pays fournira au moins 60,000 hommes de troupes de terre qu'il habillera et entretiendra à ses frais. »

FIN.

ERRATA.

Page 28, ligne 5, *au lieu de :* du tropique, *lisez :* au tropique.

Page 39, ligne 14, *au lieu de :* s'interrogeant, *lisez :* m'interrogeant.

Page 42, ligne 13, *au lieu de :* pour donner, *lisez :* qui devaient donner.

Page 46, ligne 4, *au lieu de :* Un certain M. Mouton, l'un des, *lisez :* Un certain Ong Chiên (aïeul ou M. Mouton), l'un des.

Page 48, ligne 1re, *au lieu de :* j'étudiais un peu la langue, *lisez :* j'étudiais la langue.

Même page, ligne 4, *au lieu de :* je sortais un peu, *lisez :* je sortais un instant.

Page 64, ligne 23, *au lieu de :* en 1745, *lisez :* en 1749.

Page 65, ligne 18, *au lieu de :* En 1749, M. Poivre se rendit, *lisez :* M. Poivre se rendit.

Page 72, ligne 14, *au lieu de :* Chieu-Tong, *lisez :* Chieu-Thong.

Page 80, ligne 21, *au lieu de :* Cauh, *lisez :* Canh.

Page 116, ligne 23, *au lieu de :* un des frères pour, *lisez :* un des frères puînés pour.

Page 187, ligne 10, *au lieu de :* et même de langoutis, *lisez :* et même des langoutis.

Page 201, ligne 10, *au lieu de :* qu'on ne voie aussi une figure de dragon gravée sur le bois de l'embarcation et peinte, *lisez :* qu'on ne voie aussi, placée avec les insignes, une tête de dragon gravée sur bois et peinte.

Même page, ligne 16, *au lieu de :* beaucoup plus leurs bonzes, *lisez :* beaucoup plus encore leurs bonzes.

Page 202, ligne 5, *au lieu de :* d'une façon assez agréable, beaucoup mieux que leurs voisins les Annamites. Ceux-ci ont, *lisez :* d'une façon assez agréable. Les Annamites ont.

Même page, ligne 12, *au lieu de :* sont encore supérieurs..... pour la musique vocale, *lisez :* sont supérieurs..... pour la musique instrumentale et la musique vocale.

Page 254, ligne 7, *au lieu de :* composait, *lisez :* composa.

Page 260, ligne 7, *au lieu de :* au-delà, *lisez :* vers l'ouest.

Page 328, ligne 5, *au lieu de :* j'ai fait bâtir.... que j'ai rachetée, *lisez :* je fis bâtir.... que j'avais rachetée.

Page 359, ligne 2, *au lieu de :* et celui des, *lisez :* et des.

TABLE DES MATIÈRES.

Bar-le-Duc. — Imprimerie de Madame E. LAGUERRE.

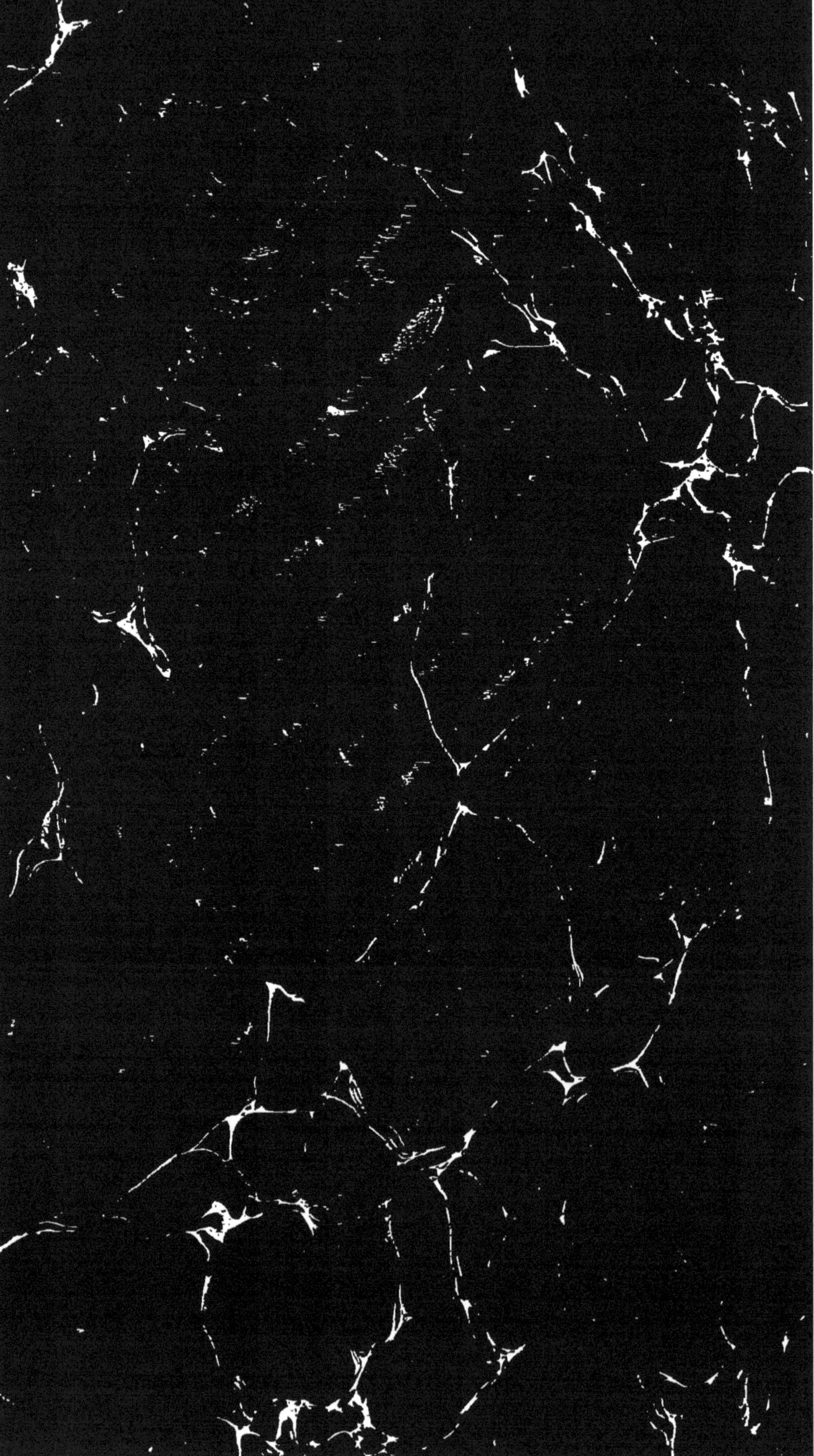

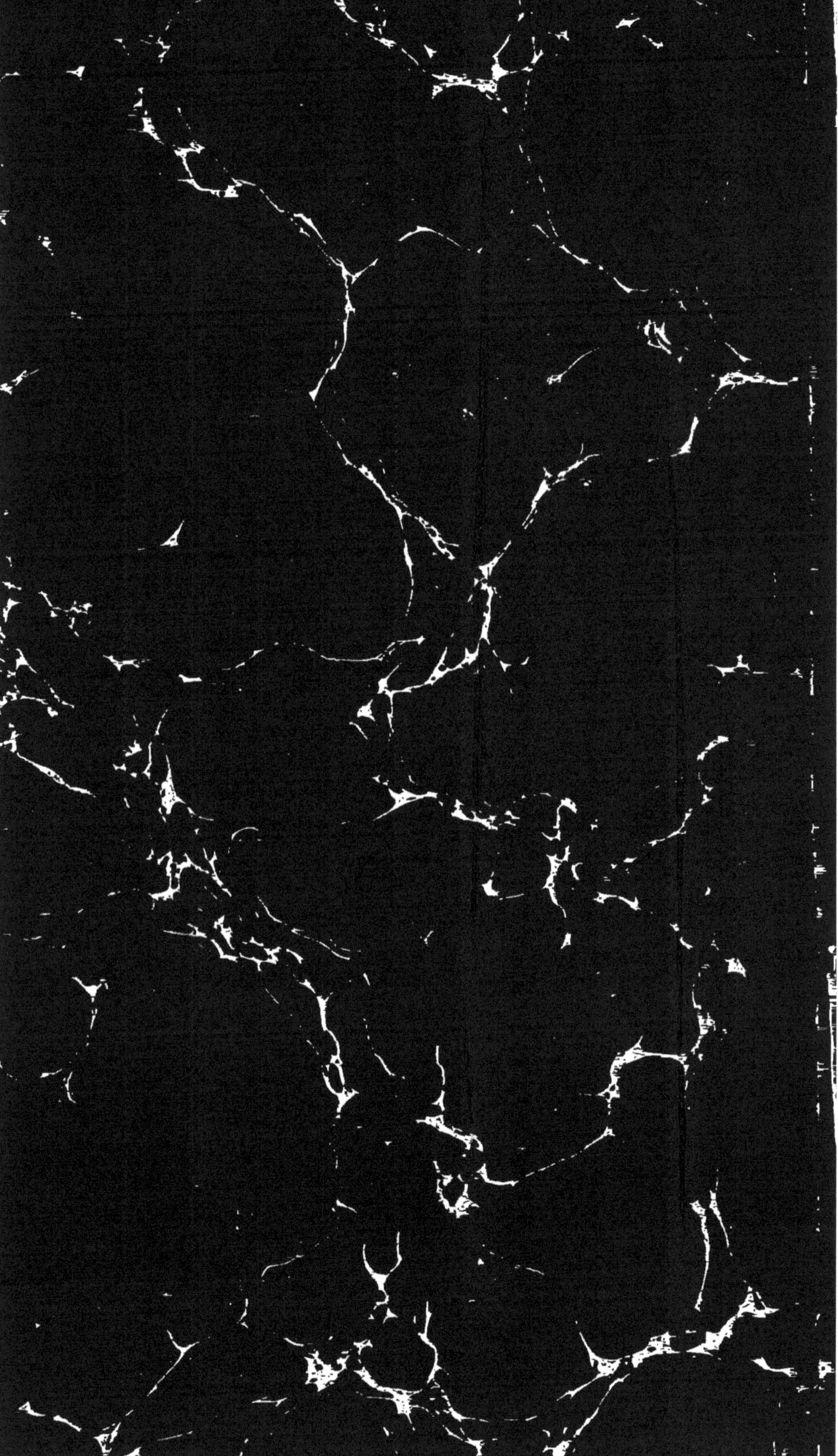

BIBLIOTHEQUE NATIONALE DE FRANCE
3 7531 03880133 9